黑龙江省苜蓿病害

流行病学调查及防治技术研究

李国良　杨智明 / 著

U0337531

中国农业科学技术出版社

图书在版编目（CIP）数据

黑龙江省苜蓿病害流行病学调查及防治技术研究／李国良，杨智明著．—北京：中国农业科学技术出版社，2016.12

ISBN 978 - 7 - 5116 - 2831 - 2

Ⅰ.①黑…　Ⅱ.①李…②杨…　Ⅲ.①紫花苜蓿 - 病虫害防治 - 研究 - 黑龙江省　Ⅳ.①S435.5

中国版本图书馆 CIP 数据核字（2016）第 274107 号

责任编辑	王更新　李　华
责任校对	贾海霞

出 版 者	中国农业科学技术出版社
	北京市中关村南大街 12 号　邮编：100081
电　　话	（010）82106639（编辑室）　　（010）82109702（发行部）
	（010）82109709（读者服务部）
传　　真	（010）82106639
网　　址	http://www.castp.cn
经 销 者	各地新华书店
印 刷 者	北京富泰印刷有限责任公司
开　　本	710mm×1 000mm　1/16
印　　张	8.5　　彩插　2.75
字　　数	202 千字
版　　次	2016 年 12 月第 1 版　2016 年 12 月第 1 次印刷
定　　价	40.00 元

前　言

　　苜蓿是迄今为止最为优秀的牧草之一，它突出的经济效益、生态效益和社会效益被当今世界所公认。大规模发展苜蓿产业已成为最具有前途和战略意义的产业之一。2012 年 1 月，中央发布 1 号文件决定启动实施振兴奶业苜蓿发展行动。2012 年 6 月，财政部、农业部联合下发了《2012 年高产优质苜蓿示范创建项目实施指导意见》。国家在政策引导方面为我国苜蓿产业发展提供了重要支持。

　　目前，随着黑龙江省畜牧业的蓬勃发展，特别是"两牛一羊"和"千万吨奶"战略工程的深入实施，黑龙江省优质牧草，尤其是优质苜蓿出现严重短缺，苜蓿产业迎来了新的发展机遇。苜蓿病害一直是影响苜蓿产量、质量和种植效益的重要因素，它可以使苜蓿营养成分降低，适口性下降，严重的还会引起牲畜中毒，严重影响苜蓿产量和饲用价值，特别是大面积种植时，病害发生所造成的损失将更为广泛和严重。随着黑龙江省苜蓿产业的快速蓬勃发展，苜蓿种植面积不断增加，苜蓿病害为害愈发凸显。针对这一状况，作者在黑龙江省科技厅的支持下，进行了多年的研究和实践，积累了大量第一手实验数据，获得了较丰富的资料，在此基础上撰写了《黑龙江省苜蓿病害流行病学调查及苜蓿病害防治技术的研究》一书，希望通过此书使广大读者对苜蓿病害有进一步的了解和认识，也希望引起更多从事草原及畜牧工作的科研人员和生产人员对草地生产和草地保护的重视，投入更多的科研和生产力量，为苜蓿产业的新一轮发展做出更大的贡献。

　　希望本书的出版对本地区的草原管理部门、草业公司、养殖场生产技术人员及个体养殖户进行牧草生产和畜禽养殖具有指导意义。

　　本书的主要研究内容是在黑龙江省应用研发计划引导项目《黑龙江省苜蓿病害流行病学调查及苜蓿病害防治技术的研究》（GC13B411）资助下完成的。撰写分工如下：前言及前五章由李国良著，总计 10.18 万字；后三章由杨智明著，总计 10.02 万字。项目的组织、实施和本书的撰写得到了黑龙江省畜牧研究所李红研究员、黑龙江八一农垦大学杜广明教授无私的指导和帮助，在此特别表示感谢！课题组黑龙江八一农垦大学刘香萍副教授、曲善民副教授、齐齐哈尔市草原监理站海涛站长协助做了大量的工作，硕士生聂莹莹、王国庆、彭芳华等在样地勘察、数据采集、图像处理方面提供了很多帮助，在此一并表示衷心的感谢。

　　由于作者的水平有限，书中可能会出现一些错误和不当之处，恳请读者批评指正。

李国良　杨智明

2016 年 **10** 月 **10** 日

目 录

图目录

表目录

第一章 绪 论

一、研究背景

随着社会的发展，我国已逐步由温饱型社会进入小康型社会，人们更加讲究饮食健康，注重消费质量，对肉、蛋、奶等主要畜产品，尤其是草食动物畜产品的需求日益增强。苜蓿作为牧草之王，既为发展草食畜牧业提供优质蛋白饲料，同时还起到保持水土、改良土壤、提高地力的重要作用。随着奶业市场和其他畜产品市场的不断规范，我国对苜蓿草产品的需求会快速增加，而苜蓿草种植发展缓慢，国内草产品供不应求的状况日趋凸显，苜蓿草产品市场缺口巨大。2012 年 1 月，中央发布 1 号文件决定启动实施振兴奶业苜蓿发展行动。2012 年 6 月，财政部、农业部联合下发《2012 年高产优质苜蓿示范创建项目实施指导意见》。

黑龙江省是畜牧业大省，奶业大省，截至 2015 年年末，根据国家统计局黑龙江省调查总队数据显示，黑龙江省奶牛存栏 193.41 万头（其中成母牛达 100.82 万头），全年生鲜乳产量 570.48 万 t，奶牛存栏和牛奶产量分别占全国的 13% 和 15%。奶牛养殖集中分布在齐齐哈尔市、农垦系统、绥化市、大庆市和哈尔滨市，存栏量占全省存栏量的 90% 以上。年需饲草约 2 000 万 t 以上，而全省饲草鲜草产量只有 1 000 万 t 左右，达不到畜牧业正常需求的一半。黑龙江省平均每头奶牛每年苜蓿干草占有量与 2t 的正常标准相比相差甚远，与发达国家常年均衡饲喂苜蓿草相比差距巨大，优质牧草严重缺乏，养殖企业对苜蓿草的需求有一半购自省外。按照奶牛的科学饲养要求，黑龙江省需种植苜蓿草 1 000 万亩（15 亩 = 1hm^2。全书同）产干草 800 万 t，才能大致满足奶牛养殖的需要。特别是黑龙江省提出"两牛一羊"工程和"千万吨奶"发展战略，自身就需要大量的优质苜蓿草作保证。黑龙江省由畜牧大省和生态大省向畜牧强省和生态强省转变，苜蓿产业具有不可替代的作用。省委、省政府高瞻远瞩、审时度势，于 2012 年通过了《黑龙江省苜蓿产业"十二五"发展规划》，提出到"十二五"末全省苜蓿种植面积达到 1 000 万亩，这为黑龙江省苜蓿产业发展提供了千载难逢的机遇。

苜蓿病害一直是影响苜蓿产量、质量和种植效益的重要因素，它可以使牧草营养成分降低，适口性下降，严重的还会引起牲畜中毒，严重影响苜蓿产量和饲用价值，特别是大面积种植时，病害发生所造成的损失将更为广泛和严重。随着黑龙江省苜蓿产业的快速蓬勃发展，苜蓿种植面积不断增加，苜蓿病害为害愈发凸显。一些原本无足轻重的病害成为提高草地生产力的主要限制因素，一些不太经常发生的病害可能会在局部地区骤然暴发，一些局部性的病害可能会在颇为广阔的区域内流行，新的病害会陆续产生，对苜蓿产业的发展产生不容忽视的影响，比如 2012 年春季在黑龙江省西部发生的苜蓿根腐病对苜蓿返青产生了相当严重的影响，受害面积 8 万亩，返青率下降 30% 以上，减产 50%，直接造成了 2 000 余万元的经济损失。这些病害对该省发展苜蓿产业发展构成了极大的威胁。

鉴于此，本项目针对黑龙江省苜蓿生产中发生的主要病害，调查其发生规律、为害程度、流行趋势等，通过病原菌分离、培养和鉴定，明确造成苜蓿病害的主要病原菌种类，建立一套苜蓿病害防治技术体系，通过示范基地的示范带动作用，极大地降低黑龙江省苜蓿种植中病害造成的损失，为实现黑龙江省苜蓿产业健康可持续发展提供可靠的技术保障和科技支撑。项目的实施将增加优质饲料数量，改善农业生态环境，对提高黑龙江省现代苜蓿产业的行业核心竞争力，促进畜牧业经济发展和生态环境建设都将具有重要意义。

二、研究进展

众所周知，苜蓿作为全世界最重要的豆科牧草，有"牧草之王"和"草黄金"的美誉，因其含有较多的蛋白质和维生素等营养物质，不但能够显著提升草食动物的消化效率及畜产品产量和品质，而且还能有效改善土壤的生态环境、减少草食家畜温室气体的排放，并具有良好的生态效益。作为全球主要农作物之一，苜蓿在全世界的种植面积约 3 200 万 hm^2，其中，美国、俄罗斯和阿根廷约占 70%，中国虽是苜蓿种植大国，但从未列入农业生产主体的国家行列。随着近年来接连发生的奶粉安全事件，我国奶业形象遭受了致命打击，因此，人们对绿色无污染畜禽产品消费越来越青睐，这更是加速了市场对优质牧草尤其是苜蓿草的强劲需求。我国畜牧业特别是奶业发展日益迅速，优质苜蓿对全面提升奶业发展水平有着极为重要的作用，因此，对苜蓿的需求量日益增加，加之苜蓿受到病害侵袭而导致的产量下降，造成我国苜蓿产品的产量和品质远远不能满足市场需求，这已经严重地阻碍了我国奶业和畜牧业的健康发展，导致我国苜蓿产业面临着严峻的挑战。

苜蓿病害的病原是由真菌、细菌、病毒、类菌原体、线虫、菟丝子等多种病原物所引起的。1994 年，侯天爵再次补充了国内共记录的 35 种苜蓿病原物，其中，病原真菌 23 种，病原细菌 2 种，病毒 1 种，类菌原体 1 种，菟丝子 7 种和 1 种正处于尚待研究证实的病原线虫。苜蓿病害的发生对苜蓿产量和品质已经产生严重的影响，它产生的有毒物质可导致牲畜中毒，这是制约苜蓿生产的一个重要因素。为了促进苜蓿产业的发展，更好地服务于我国畜牧业尤其是奶业，提高苜蓿产品的产量和品质，应当采取适当的防治措施减少病害产生的损失。

（一）苜蓿病害的病原分类、发病规律及其为害

1. 病原真菌

目前，在我国已经发现有 36 种病原真菌为害苜蓿，但在已知苜蓿病害中，分布范围较广且为害较大的有锈病（Rust）、霜霉病（Downy mildew）、褐斑病（Common leaf spot）、白粉病（Powdery mildew）、夏季黑茎病（Summer black stem）、黑茎和叶斑病（Black stem and leaf spot）、黄斑病（Yellow spot）和匍柄霉叶斑病（Stemphyllium leaf spot），它们的病原物分别为条纹单胞锈菌（*Uromyces striatus*）、霜霉菌（*Peronospora aestivalis*）、假盘菌（*Pseudopeziza medicaginis*）、豆科内丝白粉菌（*Leveillula leguminosarum*）和豌豆白粉菌（*Erysiphe pisi*）、苜蓿尾孢（*Cercospora medicaginis*）、茎点霉（*Phoma medicaginis*）、埋核盘菌（*Pyronopeziza medicaginis*）、匍柄霉（*Stemphyllium botryosum*）。

（1）苜蓿锈病。锈病的病原为单胞锈菌属的条纹单胞锈菌（*Uromyces striatus*），它是苜蓿种植区普遍发生的病害之一，在温暖潮湿的地区产生的为害比较大，而在干旱地区为害较轻。病原菌来自生长在南方温暖地区的夏孢子和北方当地病植株残体上越冬的冬孢子，可在生长季节以夏孢子的形式进行多次再侵染过程，从而造成田间病害流行的严重后果。但该病害多发生在春夏两个季节，当春季气温上升到 15～18℃ 病害就会发生，锈孢子通过随风传播的方式，在夏季高温高湿的气候条件下，灌水比较频繁或灌水量过大时，及草层较为致密会加剧病害的侵染和蔓延。作为广谱性病害，它可以为害豆科、禾本科、菊科等牧草。当此病发生非常严重时，苜蓿干草会减产60%，种子减产50%。锈病会使苜蓿的叶片褪绿、皱缩以及提前落叶，同

时，感染锈病的苜蓿植株含有毒素，并影响适口性，容易使家畜中毒，严重阻碍了家畜的健康生长。

（2）苜蓿霜霉病。苜蓿霜霉病的病原为鞭毛菌亚门、藻菌纲、霜霉目、霜霉科的苜蓿霜霉菌（*Peronospora aestivalis*），此病害常发生在冷凉潮湿的气候条件下，在春秋两季是病害的高发期，而在炎热干燥的夏季停止发生病害。在黑龙江省的黑河、五大连池、牡丹江、肇洲等地均有发生，特别是经过水淹后该病发生更加严重，发病率可达80%左右。

（3）苜蓿褐斑病。苜蓿褐斑病的病原菌为子囊菌亚门、假盘菌属的苜蓿假盘菌（*Pseudopeziza medicaginis*），该病菌在自然状态下未发现经历分生孢子的阶段，子囊孢子在保湿条件下萌发的适宜温度为2~30℃，但最适萌发温度是15~20℃。而在相对温度≥98%及温度15~25℃条件下，经过6~7d，感病叶片就出现病斑，以后由感病的叶片产生子囊孢子进行再侵染。作为一种世界性的病害，褐斑病给苜蓿带来严重的为害。它能使苜蓿病叶中粗蛋白含量显著下降，同健康生长的叶片对比，粗蛋白的含量可以减少25%，同时，叶片的光合速率也会随着病害严重程度的增加而降低。例如，当病斑平均面积为叶面积的13%时，光合速率仅为健康生长叶片的52%，而当病斑平均面积为叶面积的85%时，其光合速率仅为健康生长叶片的15.9%。

（4）苜蓿白粉病。苜蓿白粉病的病原菌为子囊菌亚门、白粉菌目、内丝白粉菌属的豆科内丝白粉菌（*Leveillula leguminosarum*）和豌豆白粉菌（*Erysiphe pisi*），此病害发生的时间比较晚，在6月初才发现零星病株，后随气温上升和苜蓿生育期的推进呈现缓慢上升趋势。它主要影响到制种田苜蓿的后期生长，且不同品种制种田之间对霜霉病的抗病性差异显著。病株在叶片、茎秆及荚果上会出现白色的霉层，在感染后期这些部位就会出现黑褐色的闭囊壳。此病害在昼夜温差和湿度都大的情况下发病严重，病斑会布满全叶，从而使叶片早期黄化或干枯皱缩脱落，导致苜蓿的产草量下降50%和种子产量下降30%以上，造成了很大的损失。

（5）苜蓿夏季黑茎病。苜蓿夏季黑茎病又称为尾孢叶斑病，它的病原为苜蓿尾孢（*Cercospora medicaginis*），此病害发生最初是叶片上首先出现比较小的褐色斑点，随后斑点不断扩大并呈现出具有不规则边缘的大斑，外围颜色常呈黄色，叶部比茎部变色早。在一片小叶上面可出现2~3个斑点，在几天内脱落，且下部叶片会逐渐向上脱落，这是此病最为明显的症状。当苜蓿茎部出现红褐色至巧克力色的长形病斑时，大部分的茎变色，此病害一般在第二、三茬的苜蓿上发病较为严重。

（6）苜蓿黑茎和叶斑病。苜蓿黑茎和叶斑病的病原为茎点霉（*Phoma medicaginis*），此病害侵入时，起初会在叶、叶柄、托叶及茎上有不规则暗褐色的小斑点产生，然后逐渐地扩大，叶子变黄而脱落，最终导致叶全部脱落。然而在暖地型品种的茎上的病症比较明显，病斑会扩大进而颜色变黑，细而容易折断。此病害在全日本发生，尤其在暖地是一个重要的病害。在暖地发生时期大概在 3 月份，而在 4 月中旬开始侵染幼叶，导致第一茬苜蓿的产量降低，饲料品质也下降。此病菌最宜生长的温度是 20～23℃，但超过 32℃菌丝几乎停止生长。第一年的草地发病少，两年以后的草地发生量会增加，最终在整个草地扩展。

（7）苜蓿黄斑病。苜蓿黄斑病的病原为埋核盘菌（*Pyronopeziza medicaginis*），此病害是依赖有性时期的子囊孢子进行传播的。病菌在夏末至秋天死亡的叶片上形成子囊盘，并以此安全越冬，或在翌春的枯叶上产生子囊盘。最初此病害在叶片正面出现沿叶脉分布，集中成一小片，或是小黑点群，这些小黑点就是病原菌在无性时期的分生孢子器。同时，小黑点集中的部位叶色稍微变淡，并逐渐转变为褐色直至黑褐色的较大型枯斑。病斑没有明显的边缘，也没有一定的形状，进而病叶干枯而卷缩，最终导致大量病叶脱落。据此估计，在重病地块的苜蓿减产 40%左右。

（8）苜蓿匍柄霉叶斑病。苜蓿匍柄霉叶斑病又称为苜蓿轮斑病，它的病原为半知菌亚门、丝孢目、暗色孢科、匍柄霉属、匍柄霉（*Stemphyllium botryosum*），此病在苜蓿生长季早期，病部具灰黄色中心，其上含有许多假囊壳。在夏初过后，往往代之以黑色霉状物的分生孢子。当湿度较大时，分生孢子会大量形成，病斑会转变为黑色，水浸状。病叶逐渐由绿色转变为烟灰色，继之坏死，最终脱落。然而，此病害对苜蓿叶片的为害很大，其叶柄、茎秆、花序和荚果皆可被感染。假使叶片感染此病，在 10～20d 内苜蓿的落叶就可达到 50%～70%，严重的会导致整株叶片脱落，并引起全株枯萎死亡。除此之外，此病也常与其他叶部的病害伴随发生。

2. 病原细菌

目前，全世界已经报道了 9 种苜蓿细菌性病害，然而细菌性萎蔫病是苜蓿的一种毁灭性的病害，在美国、加拿大、澳大利亚、新西兰和日本等世界各地均有发生。细菌性萎蔫病的病原为密执安诡异棍状杆菌（*Clavibacter michiganensisi subsp. insidiosus*），它的最适生长温度为 23℃，而致死温度是 51～52℃。该菌有很多菌系，毒力差异也很大。可在种子和植物残体中长期存活并进行传播，能使多种农作物患萎蔫病。

3. 病原病毒

苜蓿花叶病的病原为苜蓿花叶病毒（AMV），此病是一个系统性的侵染病害，极易流行。它的发病时期主要是在春秋季节较冷条件下，尤其是在第一茬苜蓿草收割前后。苜蓿花叶病毒病主要靠蚜虫传播，也可由患病植株的汁液、花粉和种子进行传播，带有病株汁液的苜蓿加工收获机械也可传播。另外，受病毒感染的植株将成为终生的传播者。苜蓿花叶病毒最适发病温度为 16~26℃，超过 26℃会出现隐症现象。例如，该病在北京地区一般在 4 月中、下旬开始出现症状，而到 6 月份以后症状消失。感染病毒后的苜蓿草的生育量、根瘤菌形成量降低，固氮能力显著下降，导致苜蓿产量减少了 37%~66%。

4. 病原类菌原体

苜蓿丛枝病的病原为类立克次氏体（RLO）和类菌质体（MLO），前者（类立克次氏体）可使苜蓿植株矮化及叶片变小，而后者（类菌质体）可导致苜蓿丛枝、枝条变细弱及叶变圆。

5. 线虫

苜蓿茎线虫的病原为线虫（*Ditylenchus dipsaci*），在苜蓿上是最重要的线虫病，病原线虫不仅为害苜蓿，还为害豆科三叶草、洋葱、甘薯、小旋花、蒲公英、车前草等 300 多种植物。同时，苜蓿茎线虫通常专寄生在苜蓿上，但该小种的犹它种群可寄生在几种植物上，但只能在苜蓿和红豆草上繁殖。茎线虫在苜蓿、红三叶草等种子上是以痕量传播，虽然传人以后发展进程很慢，但此病害一旦发展起来，为害很大，如在英国的进口条例中把紫花苜蓿种子上的该线虫苜蓿小种列为检疫对象。

6. 菟丝子

菟丝子作为菟丝子科（Cuscutaceae）菟丝子属（Cucutas）的一种恶性寄生植物，根据其生态和形态特征，可将其分为丝茎型、线茎型和绳茎型三种，它常以丝状的蔓茎缠绕在苜蓿的植株上，并依靠自身的吸器吸收苜蓿植株的水分和养分。而当苜蓿植株被菟丝子寄生后，苜蓿植株变矮小，枝叶变枯黄、生长不良，程度严重导致苜蓿不能开花，常在早期枯死。在田间的植株若被菟丝子严重寄生可导致植株大片枯死。

（二）苜蓿病害的分布

由表 1-1 可看出，苜蓿病害分布在不同的地方，在我国东北、西北、华北、华东、西南，及南、北美洲、欧洲各国、日本、澳大利亚、新西兰、苏联等地区均有所分布。在我国东北地区苜蓿病害主要有锈病、霜霉病、褐斑病等；在西北地区苜蓿病害有锈病、霜霉病、褐斑病、黄斑病、白斑病、白粉病等；在华北地区苜蓿病害有锈病、霜霉病、褐斑病、黄斑病等；在华东地区苜蓿病害有褐斑病、霜霉病、白粉病等；在西南地区苜蓿病害有褐斑病、黄斑病、白粉病等。

表 1 – 1 苜蓿病害种类、病原及其分布
Tab. 1 – 1 Primary Types、pathogen and Distributions of Alfalfa Diseases

病害名称 Diseases	病原 Pathogen	分布 Distribution
锈病 Rust	条纹单胞锈菌 *Uromyces striatus*	我国各地均有，但主要发生在西北、华北和东北等地
霜霉病 Downy mildew	霜霉菌 *Peronospora aestivalis*	分布在我国 14 个省（区），尤其在我国东北三省、甘肃、青海、江苏、陕西、新疆维吾尔自治区、宁夏回族自治区、山西等省发生严重
褐斑病 Common leaf spot	假盘菌 *Pseudopeziza medicaginis*	目前广泛分布在我国西北、华北、东北、华东、西南等苜蓿栽培区，在日本高寒地一般也有分布
黄斑病	埋核盘菌 *Pyronopeziza medicaginis*	甘肃省天水、秦安、清水、庄浪、静宁、宁县、镇原、会宁、定西等地均有分布，同时，在美国北部各州和加拿大的北美大草原、苏联乌克兰森林草原地带和南斯拉夫及吉林、黑龙江、内蒙古自治区、贵州、河北等地都有发生
白斑病	尾孢霜斑菌 *Ramularia medicaginis*	主要分布在甘肃省榆中和静宁两县
白粉病 Powdery mildew	豆科内丝白粉菌 *Leveillula leguminosarum* 豌豆白粉菌 *Erysiphe pisi*	主要分布在新疆维吾尔自治区、内蒙古自治区、甘肃、西藏自治区、山西、陕西、四川、河北、安徽、云南及吉林省
夏季黑茎病 Summer black stem	苜蓿尾孢 *Cercospora medicaginis*	分布在宁夏回族自治区
春季黑茎病	苜蓿茎点霉 *Phoma medicaginis*	分布在南、北美洲、欧洲各国、苏联，以及我国吉林、甘肃、内蒙古自治区、河北、陕西省
黑茎和叶斑病 Black stem and leaf spot	茎点霉 *Phoma medicaginis*	分布在日本

（续表）

病害名称 Diseases	病原 Pathogen	分布 Distribution
匍柄霉叶斑病 Stemphyllium leaf spot.	匍柄霉 *Stemphyllium botryosum*	在美国、澳大利亚、新西兰，及中国的吉林、内蒙古自治区、甘肃、江苏、贵州、河北等省区均有分布
小叶斑病		
苜蓿小光壳叶斑病 Lepto leaf spot of alfalfa	苜蓿小光壳 *Leptosphaerulina briosiana*	
苜蓿白绢病	齐整小菌核菌 *Sclerotium rolfsii*	分布在贵州南部地区
镰刀菌根腐病 Fusarium rot	*Fusarium sp*	分布在新疆维吾尔自治区、甘肃、内蒙古自治区、吉林
炭疽病 Anthracnose	三叶草炭疽菌 *Colletotrichum trifolii*	
疫霉根腐病	*Phytophthora megasperma*	
黄萎病 Verticillium wilt	黑白轮枝孢 *Verticillium alboatrum*	分布在我国新疆维吾尔自治区，及美国、加拿大
镰刀菌萎蔫病		
茎腐病		
苜蓿根和根茎腐烂病 Crown and Root Rot	尖孢镰刀菌 *Fusarium oxysporum* 锐顶镰刀菌 *Fusarium acuminatum* 半裸镰刀菌 *Fusarium semitectum*	分布在美国、加拿大、澳大利亚、俄罗斯、日本和阿根廷，以及我国的新疆维吾尔自治区、甘肃、青海、四川
核盘菌冠和茎腐		
轮枝萎蔫病		
苜蓿灰星病	苜蓿灰星病菌 *Leptosphareulina briosiana*	
壳二孢茎斑枯病 Ascochyta stem lesions	*Ascochyta sp.*	
交链孢黑斑病 Alternaria black spot	*Alternaria alternata*	

（续表）

病害名称 Diseases	病原 Pathogen	分布 Distribution
细质霉叶斑病 Leptophyrium leaf spot	*Leptophyrium coronatum*	
细菌性凋萎病	诡谲棒状杆菌 *Corynebacterium insidiosum*	主要分布在美国、加拿大、欧洲、南美洲、南非、以色列、前苏联、澳大利亚、新西兰及日本等国家
细菌性芽萎蔫病 Bacterial sprout wilt	桃色欧文氏菌 *Erwinia persicina*	
细菌性芽腐烂病 Bacterial sprout rot	菊欧文氏菌 *Erwinia chrysanthemi*	
冠瘿病 Crown gall	根癌土壤杆菌 *Agrobacterium tumefaciens*	
细菌性叶斑病 Bacterialleaf spot 细菌性猝倒病 Damping off	野油菜黄单胞菌苜蓿致病变种 *Xanthomonas campestris pv. alfalfae*	
冠腐和根腐综合病 Crown and root rot complex	绿黄假单胞菌 *Pseudomonas viridiflava*	
细菌性茎疫病 Bacterial stem blight	丁香假单胞菌萨氏致病变种 *Pseudomonas syringae pv. syringae*	
细菌性萎蔫病 Bacterial wilt	密执安诡异棍状杆菌 *Clavibacter michiganensisi subsp. insidiosus*	
矮化病 Dwarf	苛求木杆菌 *Xylella fastidiosa*	
苜蓿花叶病 Alfalfa mosaic virus	苜蓿花叶病毒 *AMV*	
苜蓿丛枝病	类菌质体 *MLO* 类立克次氏体 *RLO*	分布在新疆
苜蓿茎线虫病	线虫 *Ditylenchus dipsaci*	主要分布在北美、北欧、南美、新西兰、澳大利亚等国家和地区

（续表）

病害名称 Diseases	病原 Pathogen	分布 Distribution
菟丝子 Dodder	中国菟丝子 *Cuscuta chinensis Lam* 日本菟丝子 *Cuscuta japonica*	

（三）苜蓿病害的综合防治措施

苜蓿病害的综合防治措施应该始终坚持安全、有效、经济、易行的原则，并通过利用抗病品种、药剂拌种、科学施肥、合理密植、适度灌溉并及时排水、清除杂草、化学防治、检疫措施这 8 个基本措施防治苜蓿病害。

1. 利用抗病的品种

这是从根本上防治苜蓿病害的最有效和最主要的措施，对抑制病害的大面积流行能够起到事半功倍的效果。可以根据所在地区已经发病和容易发病的品种，更好地选择苜蓿的抗病品种。如吉林省白城地区和内蒙古自治区的兴安盟一带主要推广的公农一号苜蓿和当地适应性强的图牧一号杂花苜蓿都对白粉病有一定的抗性，可以有效地防治苜蓿白粉病；内蒙古自治区呼和浩特地区和类似自然条件的地区推广的草原 2 号、阳高苜蓿、兰花苜蓿、爬蔓苜蓿都对锈病有一定的抗性，可有效防治苜蓿锈病；中兰一号苜蓿品种可有效防治苜蓿霜霉病。但目前，可以供选择的苜蓿抗病品种绝大多数都是国外品种，可加强引进抗性较好的品种（严格要求种子检疫）的应用，将不同抗性的品种搭配种植、合理布局，避免单一品种在同一地区大面积种植。而我国苜蓿抗病育种水平与国外相比存在巨大差距，因此，在今后更应该加强苜蓿抗病育种的研究。

2. 药剂拌种

杀菌剂拌种是一个防治土传病害和种传病害从而提高种子发芽率及田间出苗率的有效措施。研究表明，我国 11 个省区绝大部分的苜蓿种样带菌率非常高，且有 10 多种种子带真菌，大大降低了苜蓿种子的萌发和幼苗的生长。而在生产上，可使用 70% 的甲基托布津可湿性粉剂，按照种子播种量的 0.2% 拌种或用 75% 的福美双（卫福）可湿性粉剂，1kg 种子用 2.5 ~ 2.8g 进行药拌种；也可使用 20% 的恶霉灵可湿性粉剂，1kg 的种子用 4 ~ 7g 进行药拌种，可有效防治土壤传播和种子传播的苜蓿病害，如根腐病、立枯病、褐斑病等。而用 15% 的粉锈宁（三唑酮）可湿性粉剂，可按种子播种量的 0.2% 进行拌种，可防治锈病和白粉病。试验表明，播后15d后未经拌种处理的，幼苗存活率仅为31%，但经过杀菌剂处理的幼苗存活率可增加48.4%以上。可见，药剂拌种可有效防治土传病害和种传病害。

3. 科学施肥

肥料在苜蓿病害防治中起着增强植物的抗病性、补偿因病害而引致的损失及提高土壤中有益微生物活动的作用。由于苜蓿对土壤养分利用能力极强，同其他植物相比可以摄取到它们不能利用的养分，又因为苜蓿的产量高，从而在土壤中吸收的养分远远高于一般作物和牧草。施肥不仅影响着产量，还可改善牧草品质。当氮、磷肥混施时应该以氮、磷比1:3为最好。例如，当增施钾肥时可以降低苜蓿根病的发病率和镰刀菌的侵入率；增施氮肥可增加苜蓿黑茎病的发病率；而当土壤中施钙肥时可以降低茎线虫对苜蓿的危害。可见，科学施肥可以适当地降低苜蓿病害的为害。

4. 合理密植

合理密植是增加苜蓿产量并防病的一个有效方法。但苜蓿应根据地理条件进行合理密植，一般为 0.6~0.7kg/亩（1 亩 =666.7m², 下同）（要求种子的发芽率高于95%），如果播量过大将会影响大田的群体生长，导致苗细、苗弱。选择秋季播种较好，因为此时土壤墒情好，杂草的为害较轻，出苗和成苗率都比较高。同时，苜蓿播种深度不能过深，否则幼苗出土时间延长，会增加土壤中病菌侵染的机会。

5. 适度灌溉并及时排水

灌溉条件良好的地区可适当地增加刈割的次数，这样不仅可以提高单位面积内苜蓿的产量和饲草品质，还可以提高苜蓿的越夏率。同时，冬灌能够有效提高土温从而对苜蓿的越冬有益。对于地下水位较高的地区，及时排水可改善通气状况，增加微生物活动，明显提高土温，从而减少冻害的发生。

6. 清除杂草

杂草不仅阻碍了苜蓿的生长，还是多种病虫的中间寄主，因此及时清除田间和周围的杂草将会有效地减少病虫基数和再侵染源。因为杂草会同苜蓿竞争水分、养分、光照，可使苜蓿饲草和产量降低，也会降低苜蓿饲草的饲用价值。可见，清除杂草是苜蓿田间管理的一项十分重要的工作。具体措施有三方面：一是在播前整地时使用广谱性土壤和茎叶处理除草剂，前者可以有效地避免土壤中的杂草种子带到土表里，这样可以降低杂草的为害，而后者可使杂草在萌发时就被杀死；二是在播后苗前使用广谱性土壤处理除草剂，如乙草胺、灭草蜢等；三是在苗后使用茎叶处理除草剂，如禾本科杂草除草剂有拿捕净、稳杀得、盖草能等。

7. 化学防治

在苜蓿发病初期，当田间出现中心病株后，可以选择一些化学药剂来进行病害防治，也可同化学除草或防虫一起进行。苜蓿白粉病可用 40% 灭菌丹 700 ~ 1 000 倍液稀释喷雾；苜蓿霜霉病可喷波尔多液；苜蓿褐斑病可用 75% 百菌清 500 ~ 600 倍液；苜蓿锈病可用 12.5% 烯唑醇（速保利）可湿性粉剂 3 000 倍液均匀喷雾；苜蓿立枯病可用 75% 福美双 500 倍液进行防治。

8. 检疫措施

植物检疫作为防治病菌传入的最有效手段之一，应该给予高度的重视。例如，加强检疫，防止菟丝子因混在牧草种子中而进行传播；又如苜蓿细菌性萎蔫病可以随种子和植物残体传播，因此是我国出入境进出口植物检疫检验必查的病害。

综上所述，苜蓿病害的防治应该遵循"防重于治"的原则，并根据病害的发生特点和流行规律，加大早期田间监测力度，选出合适的苜蓿品种，制定出合理的栽培措施，并在发生时通过采取一系列综合防治措施来降低病害的为害程度，这样才能有效减少病害的发生与为害，最终实现高产、优质和高效的苜蓿种植。

第二章　黑龙江省自然概况

一、研究区域地理地貌

黑龙江省介于北纬 43°26′~53°33′，东经 121°11′~135°05′，南北长约 1 120km，东西宽约 930km，面积 47.3 万 km²。黑龙江东部和北部以乌苏里江、黑龙江为界河与俄罗斯为邻，与俄罗斯的水陆边界长约 3 045km；西接内蒙古自治区，南连吉林省。黑龙江省地势大致是西北部、北部和东南部高，东北部、西南部低，主要由山地、台地、平原和水面构成。据考证，早在两亿年前的古生代时，志留纪和泥盆纪期间，整个东北地区几乎全被海水淹没，成为一片汪洋大海。到了古生代末期，海西运动使大兴安岭和东部山地隆起成山，经过三叠纪和侏罗纪长期的侵蚀和剥蚀作用，形成浑圆状的低山和丘陵地带。在低洼处（山间盆地、湖盆地）沉积旺盛，动植物生长繁茂，为煤、石油等生成提供有利的条件。中生代的侏罗纪末期，发生了燕山运动，小兴安岭主要表现为北东走向的断裂，松嫩平原成为凹陷。燕山运动结束，地壳趋向稳定，地表外力作用加强，山间盆地堆积旺盛，乃有煤、油页岩等矿床的形成。此时，山地由于大规模的长期的夷平作用而形成准平原。到了新生代渐新世末期的喜马拉雅运动时，东部山地有广泛褶皱、断裂隆起，并伴有玄武岩喷出。而新第三纪和第四纪以来，有多次火山活动和玄武岩溢出，使山区地形更加夏杂化。到了第四纪时，小兴安岭上升为西北东南向的山岭，隔断了松嫩平原与苏联结亚河盆地的联系。松辽分水岭的隆起，分成两大水系，从此松嫩平原初具规模。而三江平原自第三纪以来多次发生大规模的凹陷，堆积很厚的沉积层，形成了广阔的低平原。大兴安岭北部和伊勒呼里山地，山体北宽南窄，地势北高南低，东陡西缓，向东急剧过渡到松嫩平原，向西逐渐过渡到呼伦贝尔高原。地面组成物质，大面积分布着中生代的中酸性岩浆岩和海西花岗岩。海拔高度大部分在 1 000m 左右。呼中区境内的大自山海拔 1 529m，白卡兽山海拔 11 397m，相对高度 300m 左右。由于岩性均匀，历经长期剥蚀作用，形成低缓浑圆的山形，广泛分布

"平顶山"，即白至纪至第三纪初形成准平原面的遗迹。第三纪中期以来，沿着北北东向构造线发生了褶皱和断裂，造成了东西两侧地形上的不对称。河谷宽浅，这是受第四纪冰川和冰缘作用结果。谷地里保存着冰泽物与冰蚀地形，谷底下还掩藏着第四纪早期冰川地形。

黑龙江西北部为东北–西南走向的大兴安岭山地，北部为西北—东南走向的小兴安岭山地，中间以伊勒呼里山为连接；东南部为东北—西南走向的张广才岭、老爷岭、完达山，约占全省土地总面积的24.7%；海拔高度在300m以上的丘陵地带约占全省的35.8%；东北部的三江平原、西部的松嫩平原是中国面积最大的平原——东北平原的一部分，平原占全省总面积的37.0%，平均海拔为50～200m。省内最高点是海拔1 690m的大秃顶子山。北部和东北部有大、小兴安岭，东南部有张广才岭、老爷岭，中部和西部为微波起伏的松嫩平原，东北部为地势低平的三江平原。大兴安岭位于全省最北部，海拔800～1 400m，西坡平缓，东坡较陡。小兴安岭自西北向东南盘踞在本省东北部，海拔高度400～1 000m，山顶较平缓，多形成丘陵台地。中部的松嫩平原，是东北平原的一部分，由松花江、嫩江冲积而成，约占全省面积10.3%，大部地区为肥沃的黑钙土，有机质十分丰富，是重要的农业区。

黑龙江省平原由松嫩平原、三江平原、兴凯湖平原组成。松嫩平原分布在黑龙江省西部和南部。在地质构造上属于松辽断陷带的一部分。地面组成物质以冲积物为主，是嫩江与松花江冲积而形成的，海拔110～150m，地势平坦，境内有沙丘、盐碱泡和沼泽分布；三江平原是在同江内陆断陷的基础上形成的，地面组成物质以黏土和亚黏土为主。是黑龙江、松花江、乌苏里江冲积而成。由于长期下沉，形成海拔只有50～60m的低平原。沼泽发育约占三江平原总面积的50%，河漫滩、古河道、牛轭湖和洼地分布较广；兴凯湖平原为湖成平原。由于湖面的变化而形成的一些条带砂岗、浅洼地和沼泽地。

黑龙江省河流众多，流域面积在1万km²以上的河流有18条；5 000km²以上的河流有26条，50km²以上的有1 918条。这些河流组成了黑龙江、松花江、乌苏里江和绥芬河水系及乌裕河与双阳河内陆水系。主要河流有黑龙江、松花江、乌苏里江、嫩江。主要湖泊有兴凯湖、镜泊湖和五大连池。兴凯湖位于黑龙江省宁安县西南，牡丹江上游。百万年前因火山爆发而形成，是我国第一大堰塞湖。镜泊湖位于张广才岭及老爷领北坡山地。有六条河流从四面流入湖内，形成天然水库。全湖面积375km²，南北长约60km，东西宽 10km，水面海拔 353m，平均水深 45m。

二、研究区域气候特点

黑龙江地处高纬，全省有近 40% 的地区处于年均温 0℃ 等温线以北，大部分地区 10 月中旬日均温已低于 0℃，冬季则冰封大地，结冰日期长达 5~6 个月，各地 1 月气温都在 -22℃ 以下。各地冻土深度在 2m 左右，北部还有岛状永久冻土地区。夏季气温较高，绝大部分地区 7 月平均温度都在 25℃ 以上，能满足北方作物热量需要。年降水量 400~700mm，夏季较多雨，冬季干燥。全省气候地区差异较大，大部地区属寒温带气候，最南端属暖温带气候。

气温：黑龙江省是全国气温最低的省份。一月平均气温 -30.9~-14.7℃，极端最低气温在漠河，曾达到 -52.3℃，为全国最低纪录。夏季普遍高温，平均气温在 18℃ 左右，极端最高气达 41.6℃。年平均气温平原高于山地，南部高于北部。从 1961—1990 年 30 年的平均状况看，全省年平均气温多在 -5~5℃，由南向北降低，大致以嫩江、伊春一线为 0℃ 等值线。≥10℃ 积温在 1 800~2 800℃，平原地区每增高 1 个纬度，积温减少 100℃ 左右；山区每升高 100m，积温减少 100~170℃。无霜冻期全省平均介于 100~150d，南部和东部在 140~150d。大部分地区初霜冻在 9 月下旬出现，终霜冻在 4 月下旬至 5 月上旬结束。

降水与湿度：黑龙江省的降水表现出明显的季风性特征。夏季受东南季风的影响，降水充沛，占全年降水量的 65% 左右，比较稳定，其变率小，一般为 21%~35%；冬季在干冷西北风控制下，干燥少雪，仅占全年降水量的 5%；春秋分别占 13% 和 17% 左右。1 月份最少，7 月份最多。年平均降水量等值线大致与经线平行，这说明南北降水量差异不明显，东西差异明显。降水量从西向东增加。全省年平均相对湿度为 60%~70%，其空间分布与降水量相似，呈经向分布。中、东部山地最大，在 70% 以上，西南部最小，多不足 65%。年降水量全省多介于 400~650mm，中部山区多，东部次之，西、北部少。在一年内，生长季降水约为全年总量的 83%~94%。

气压和风：黑龙江省年平均气压为 970~1 000hPa。受地形影响，山区气压较低，平原、河流沿岸气压较高。三江平原、松花江和黑龙江中、下游沿岸地带多在 1 000 hPa 以上，松嫩平原次之，兴安岭北部不足 970hPa。一年内冬季气压较高，夏季气压偏低。黑龙江省内全年盛行偏西风，松花江右岸地区盛行西南风，西部与北部盛行西北风。冬季多西北风，控制时间长达9个月（9月到翌年5月），属于西北季风；夏季南部多南风，属于东南季风，控制时间5—9月；东北部盛行东北风，属东北季风，控制时间6—8月。春秋风向相似，南部与中部多西南风，北部多西北风。年平均风速多为2～4m/s，春季风速最大，西南部大风日数最多，风能资源丰富。

日照、蒸发：黑龙江省年平均总云量在4.5～5.5。松嫩平原较少，小兴安岭南端和东南山地较多，北部漠河一带最多。一年中冬季最少，夏季最多，春、秋季居中全省年可照时数为4 443～4 470h，年实照时数在2 300～2 900h，为可照时数的55%～70%。夏季日照时数在700h以上，为全年最高季节，冬季日照时数是一年中最小的季节，绝大多数地区在500h以上；春秋界于冬夏之间，春季大于秋季。全省年日照时数多在2 400～2 800h，其中生长季日照时数占总时数的44%～48%，西多东少。全省太阳辐射资源比较丰富，与长江中下游相当，年太阳辐射总量在44×10^8～$50 \times 10^8 J/m^2$。太阳辐射的时空分布特点是南多北少，夏季最多，冬季最少，生长季的辐射总量占全年的55%～60%。全省年平均发量在900～1 800mm，由南向北递减。最大蒸发量在松嫩平原南部，大于1 600mm。全年以冬季蒸发量最小，1月份仅3～22mm。春季各地气温迅速升高，风力增大，蒸发量较大，全省在80～370mm。春季由于风大，气温高，其蒸发量远远超过秋季。夏季气温高，是全年蒸发量最大的季节。

三、研究区域土壤特征

山地草甸土主要分布在张广才岭顶峰，海拔1 450～1 600m，成土环境山地草甸土位于中山山顶局部水湿条件较好的平缓部位。由于海拔较高，气温低，降水多，湿度大，与基带相比，山顶部位气温至少要低8～15℃，年降水量可增高1～2倍。一年中有大半时间云雾弥漫，相对湿度高达70%～90%，土壤积雪和冻结期长达半年以上。由于山顶风强，乔木生长困难，仅有灌丛及耐湿性草甸植被生长，有的山顶过去曾为木本植物所覆盖，因受火灾影响，林木消失，逐渐为耐风耐寒的灌丛及草甸植被替代，有的形成草毡层，地表生长地衣和苔藓，植被覆盖率在90%以上。绿色针叶林土主要在针叶林下发育的土壤，分布在大兴安岭的中山、低山和丘陵区，平均海拔500～1 000m，占全省土壤总面积的9.94%；暗棕壤是黑龙江省山地主要土壤。主要分布在小兴安岭和完达山、张广才岭及老爷岭组成的东部山地，大兴安岭东坡亦有分布。海拔为大兴安岭东坡 600m 以下，小兴安岭 800m 以下，东部山区 900 以下，其中耕地 115 万 hm²。白浆土主要分布在三江平原和东部山区，除齐齐哈尔、大庆、大兴安岭外其他地区均有分布，其中耕地 116.36 万 hm²，其成土母质主要是第四纪河湖黏土沉积物，质地黏重，一般为轻黏土，有的可达中至重黏土。白浆土发育的地形部位主要为丘陵漫岗至低平原，主要类型有低平原、河谷阶地、山间盆地和山间谷地、熔岩台地和山前洪积台地。地下水埋藏较深，在 8~10m。由于母质黏重，透水不良，可形成一个天然的隔水层。因此，地下水对白浆土的形成和发育影响不大。白浆土的初始植被为针阔混交林（岗地），由于人为砍伐和林火，逐渐为次生杂木林、草甸及沼泽化；黑土是黑龙江省主要耕地土壤，除牡丹江外其他各地均有分布。主要集中分布在滨北、滨长铁路沿线两侧，其中耕地 360.62 万 hm²，占全省耕地总面积的 31.34%；黑钙土主要分布在松嫩平原，其中耕地面积 158.91 万 hm²，黑土在各种基性母质上发育，包括钙质沉积岩、基性火成岩、玄武岩、火山灰以及由这些物质形成的沉积物。这些母岩母质中丰富的斜长石、铁镁矿物和碳酸盐有利于黑土的发育，黑土涉及的母岩母质有石灰岩、玄武岩、第三纪河湖相沉积物以及近代河流沉积物等，但以石灰性母质为主；栗钙土俗称白干土，主要分布在泰来县，其中耕地 1.03 万 hm²；草甸土是黑龙江省主要耕地土壤之一，全省各地均有分布，其中耕地面积 302.5 万 hm²，占全省耕地总面积的 26.2%；沼泽土全省各地均有分布，但有由寒温带向温带、由东部湿润区向西部半干旱区逐渐减少的趋势，其中耕地面积 38.2 万 hm²；泥炭土主要分布在黑龙江省东部和北部，其中耕地面积 1.22 万 hm²。泥炭总储量约 115 077.12 万 m²；黑龙江省盐渍土属内陆型盐渍土，包括盐土、碱土，主要分布在松嫩平原，其中盐土 13.23 万 hm²，碱土 11.11 万 hm²；石质土主要分布于小兴安岭、张广才岭、老爷岭、完达山等山地丘陵区；火山灰土主要分布在五大连池火山群、鸡西火山熔岩台地、镜泊湖火山口周围等地，其中耕地 0.17 万 hm²；新积土主要分布在江、河水系的两岸，其中耕地 19.39 万 hm²；风沙土主要分布在嫩江及其支流、河湖、漫滩和低阶地，其中耕地 14.62 万 hm²；水稻土全省各地均有分布，全部为耕地。

四、研究区域植被特征

全省植被分布呈明显的地带状，属于温带针叶林、温带针阔叶混交林和草甸草原三个基本植物带。其具体植物分布如下。

森林植被：针叶林、兴安落叶松林集中分布在大兴安岭和小兴安岭北部，海拔 100～1 400m 都有分布。主要乔木树种以兴安落叶松为主，还有少量的樟子松（Pinus sylvestris var. mongolica Litv）、白桦（Betula platyphylla）等。下木主要有偃松（Pinuspumila）、红瑞木（Swida alba）等。云杉林主要分布在张广才岭、小兴安岭的山区中部及河谷两岸。大兴安岭的河谷中也有少量分布。主要乔木树种以鱼鳞云杉（Picea jezoensis）为主，其次是红皮云杉（Picea koraiensis），同时混有臭松（Abies nephrolepis）、红松（Pinus koraiensis Sieb. etZuce）、兴安落叶松（Larix gmelini）、白桦等。下木有花楷槭（Acer ukurunduense）、红瑞木、柳叶绣线菊（Spiraea Salicifolia）、东北茶藨子（Ribes mandshuri mandshuricum）等。樟子松林主要分布在大兴安岭北部海拔 900m 以下的山脊和向阳陡坡。树种以樟子松为主，混有兴安落叶松和白桦。针阔混交林红松阔叶混交林集中分布在小兴安岭、张广才岭、完达山、太平岭地区。主要针叶树种以红松为主，并混有多种阔叶树，常见的有紫椴（Tilia amurensis）、青楷槭（Acer tegmentosum、花楷槭、蒙古栎（Quercus mongolica）、花曲柳（Fraxinusrhynchophylla）等。下木有毛榛子（Corylus heterophylla）、胡枝子（Lespedeza bicolor）等。蒙古栎兴安落叶松林主要分布在大兴安岭东部，与小兴安岭的红松阔叶混交林相连地带，树种以蒙古栎和兴安落叶松占优势，其中混有黑桦（Betula dahurica）、白桦。下木主要有杜鹃、胡枝子等。阔叶林阔叶混交林主要分布在张广才岭、老爷岭、太平岭、完达山、小兴安岭地区。林中主要树种有蒙古栎、紫椴、糠椴（Tilia mandshurica）、黄菠萝（Phellodendrion amurense）、水曲柳（Fraxinus-mandshurica）、色木槭、胡桃楸（Juglans mandshurica）、白桦、山杨（Populus davidiana）、春榆（Ulmus japonica）、黄榆（Ulmus macrocarpa）等，灌木层种类繁多。

草原植被：主要分布于松嫩平原、三江平原和北部、东部山区半山区。松嫩平原以羊草草甸草原为主，主要草种有羊草（Leymus chinensis）、野古草（Arundinella hirta）、贝加尔针茅（Stipa Baicalensis）、兔毛蒿（Filifolium sibiricum）、糙隐子草（Cleistogenes squarrosa）、星星草（Puccinellia tenuiflor）、冰草（Agropyron cristatum）、寸草（Carex duriuscula）、早熟禾（Poa trivialis）等。三江草原主要类型是沼泽草甸和草本沼泽草甸类，主要草种有小叶樟（Deyeuxia langsdorffii）、大叶樟（Calamanrostis lanysdorffiin.）、乌拉苔草（Carexmeyeriana）、拂子草（Calamagrostis epigejos）、牛鞭草（Hemarthria altissima）、毛果苔草（Carex lasiocarpa）、柴桦（Betula fruticosa）等。

山区半山区生长着疏林草原、灌木草丛和灌丛草甸。主要植物种有胡枝子、榛子、蒙古栎灌丛。草本有大油芒（Spodiopogon sibiricus）、乌苏里苔草（Carex ussuriensis）、羊胡苔草（Carex duriuscula）、野豌豆（Vicia sepium）、歪头菜（Vicia unijuga）等几十种牧草。并且有甘草（Glycyrrhiza uralensis）、防风（Saposhnikoviadivaricata）、柴胡（Radix Bupleuri）等百余种中草药。

草甸植被：集中分布在三江平原、穆棱河—兴凯湖平原，此外在山间盆地及各大河流的漫滩也有斑块状、条带状分布。主要草本植物有：小叶樟、广布野豌豆（Viciacracca）、小白花地榆（Sanguisorba parviflora）、黄花菜（Hemerocallis citrina）、蚊子草（Filipendula palmata）、紫菀（Aster tataricus）、走马芹（Radix Cicutae）、毛茛（Ranunculus japonicus）、小叶樟、芦苇（Phragmites australis）等。

沼泽植被主要分布在三江平原、兴凯湖平原、乌裕尔河下游一带。大量生长苔草（Carex tristachya）、小叶樟和芦苇等。

五、研究区域草地与农业资源利用

早在两亿年前的古生代时，志留纪和泥盆纪期间，东三省地区几乎全部为一片汪洋大海，这是对地质结构进行勘测后研究所得出的结果，在经历漫长的地壳运动和地表外力过程后，形成了现如今的地貌特征：既有巍峨连绵的高山峻岭和起伏的丘陵与台地，又有广阔而平坦的大平原。西北部和北部由大小兴安岭构成，东南部由张广才岭、老爷岭和完达山组成，地势较高，成为黑龙江地区西北部和东南部的天然屏障。东北部有低洼的三江平原和兴凯湖平原，西南部有松嫩平原。松花江河谷与兰江平原相通，地势平坦辽阔。山地和丘陵海拔高度一般为 300～1 000m，约占全省总面积的 53%，平原海拔 50～200m，约占总面积的 28.3%，台地海拔 200～350m，约占 14%。水面及其他占 4.7%。以上构成了黑龙江地区的地表形态结构特征。

黑龙江省是我国重要的畜牧业生产基地，草地资源极为丰富，近代以前，全省的草地资源并没有过多开发，人类生活对环境并没有产生较大影响，与自然环境保持着一种"共生"的关系。黑龙江地区在清初时的自然环境很少受到破坏，平原区大部分都是荒无人烟的大草原，山区成片的原始森林到处可见。黑龙江地区于 21 世纪初约有森林 3 300万 hm^2，总蓄积量40亿 m^3，森林覆盖率达到 70%，而日俄帝国主义相继入侵和对资源的掠夺，以及大量的移民垦荒，在短短的半个世纪里，造成森林面积直接减半，对生态环境造成了严重的破坏。

草地资源同耕地一样在现代农业中具有不可替代的作用，主要分布在松嫩平原、三江平原、牡丹江草场和大小兴安岭草场，这些天然草场牧草种类丰富，是发展畜牧业的绝佳之处。这些草场主要包括草甸草原、沼泽草甸草原和沼泽草原3个类型。

该地区大陆性气候明显，土壤主要以盐碱地为主，例如，大庆、齐齐哈尔等地区有非常明显的盐碱地，草地植被贫乏，但仍然分布有大量植物，如蒙古植物区系羊草、蒙古糙苏、蒙古鹤虱、射干莺尾、甘草、月牙大麦等；达乌里亚植物区系贝加尔针茅、线叶菊、细什黄茂、多叶赫豆、辛巴、草芸香等；长白植物区系桔梗、野大豆、东北龙胆、苦参等；达乌里亚与长白共有植物区系成分如大油芒、分叉蓼、小黄花菜、细叶百合、斜茎黄茂、防风等。而其他草场主要以森林为主，以兴安落叶松组成的原始林为主，还有大片樟子松林、樟子松、兴安落叶松混交林，天然更新良好，且母树较多，但应通过合理采伐和经营促进天然更新，并应大力营建种子林。其次为白桦林、古栋林、黑桦山杨林以及小面积原始的红皮云杉林和沿河生长的小片钻天柳甜杨林。

新中国成立以后，我国对"黑土地"优越的自然资源进行较为合理的开发和利用，自然环境同时也发生了重大变化，由1949年全省耕地面积8 546万亩扩大到1986年的1 3303万亩，14年间共开荒2 721万亩。营造人工林达到4 900多万亩。水利资源利用方面，已开发量为16万kW，占可开发量（320万kW）的5%，养殖面积达到27.8万hm^2，占可养殖面积（42.1万hm^2）的64.1%。开采较大型矿区有130多处，其中大庆油田的开采改变了松嫩平原的自然面貌。

草地植被因为过度放牧以及管理措施不当等条件，造成近四十年来松嫩平原气温增加2.0℃左右，夏季降水明显减少，造成草地严重退化。如何有效开发和利用草地资源是一个值得深思和考虑的问题。黑龙江省农牧业可持续发展应在现有耕地基础情况下，改进盐碱地土壤，培育抗盐碱作物，稳定粮食产量，同时在半牧半农地区引进先进的草地资源管理措施，轮区放牧，建植人工草地，严格管控家畜存栏数目，避免造成因过度放牧而引起的草地退化。

作为一个农业大省，农业资源可持续利用是农业经济可持续发展的关键。黑龙江垦区现有土地总面积553.63万hm^2，占黑龙江全省土地面积12.2%；其中耕地面积285.4万hm^2，草地面积35.4万hm^2，水面面积25.7万hm^2；垦区位居世界仅有的三大黑土带之一，主要土壤分布为棕壤、白浆土、黑土、草甸土、沼泽土，其中黑土和草甸土占耕地面积的50%。地势平坦、土质肥沃，土壤有机质含量平均在3%～5%，有的地区高达10%以上。随着对黑土的过度开采以及化肥农药的大量使用，如今的黑土壤层在逐渐变薄，黑土中的有机质含量减少，土壤日趋板结，抗御旱涝能力下降，土壤肥力已不抵从前，从2002年开始粮食产量出现波动式增长。

第三章 调查研究方法

一、实验材料

样方框（0.25cm²），剪刀，铁锤，样品袋，卷尺，GPS，野外记录本，铅笔，电子天平，信封，细孔筛，烘箱。

二、实验方法

2014 年 5—7 月，分别在黑龙江省甘南（GN）、佳木斯（JMS）、兰西（LX）、青冈（QG）、民主（MZ）、牡丹江（MDJ）及大庆地区（DQ）进行了苜蓿样品采集。采用五点采样法，每点随机采取两到三株苜蓿植株，进行标号。随机采取每点采集苜蓿植株叶片 50 个，统计叶片有无病害症状，计算发病率。有病叶片进行病害程度分级，根据苜蓿叶片的病斑覆盖叶（或根）面积的百分率分为 1 级（1%）、2 级（5%）、3 级（20%）、4 级（50）、5 级（70%）、6 级（80%），依次将苜蓿叶片与刻度尺进行比对拍照。

苜蓿发病率观测：每个地区每点采集的 50 个苜蓿叶片，统计有病和无病的，计算五点的平均值为该地区的发病率。

$$发病率（\%）= \frac{有病叶片数}{样本叶片数} \times 100$$

苜蓿病害程度：苜蓿病害程度根据苜蓿叶片的病斑覆盖叶（或根）面积的百分率分为 1 级（1%）、2 级（5%）、3 级（20%）、4 级（50）、5 级（70%）、6 级（80%）。植物病虫害评估软件根据任继周主编的《草业科学研究方法》中苜蓿病情指数分级标准计算苜蓿病害程度。将苜蓿叶片与刻度尺进行比对拍照的照片输入植物病虫害评估软件中，软件即计算出叶片的病害程度。

气象数据：采用黑龙江省垦区气象服务系统气象数据，主要指标包括最高温度、最低温度、露点温度、2min 风速、10min 风速、极大风速、最大风速、瞬时风速、地面最高温度、地面最低温度、地面0cm温度、5cm地温、10cm地温、15cm地温、20cm地温、40cm地温、雨量、相对湿度、最小相对湿度。

在卫星遥感影像上找出研究区域草地的范围，观察交通等状况，以其为基础，标记出调查样点。整个研究区域设置29个样点，87个样方。研究样点尽可能平均分配在整个研究区域的草地中。尽量保持样点分布在具有草地植被特征和典型环境中，确保该环境的植被系统具有区域代表性，使实验结果更真实。

研究样点时首先利用GPS的导航定位功能，找到预先确定的研究样点，记录样点的基本信息，包括样点的经度、纬度、海拔高度并观察统计研究样地鼠洞情况。然后使用样方框随机取样，每个样方之间的间隔不少于250m。统计样方框中植被生物量、盖度、高度、地下生物量等数量特征，并随机测量样方框中每种植物高度（重复5次），然后使用剪刀把样方框中的植物都齐地剪下来，并把每个物种所收集的地上生物量分别装在样品袋中，用记号笔标记样品名称，以便实验室研究。完成后，收集样方框中的所有枯落物。在完成后的样方框中，用取土器（直径7.5cm，高10cm）和铁锤分别取出地下10cm、20cm、30cm的土样，装在标记好的样品袋中。每个样点做三次重复实验，土样也做3次重复。

将研究区所采样本都带到实验室后，把各种植物的样本分装在信封中，由于有些植物量比较大，可以选择作好标记后装一半或装1/4，并把所选取的样本放在烘箱中烘干，完成以上步骤后测量其质量，记录并封存。而对于研究区土样处理，则把土样放在盆中，放入适量的自来水，用手把土都捏碎，把植物的根系都清理出来，用细孔筛把根系都筛出来，挑出杂质再清洗一遍。把处理过后的根系装在标记好的信封中，放在烘箱中烘干，测量其质量后记录并封存。

三、数据处理方法

数据处理时，首先要整理实验过程中所记录各个样点的数据，包括经纬度、海拔高度等。然后根据测量的数据计算出研究区首蓿各种数量指标，如病害多样性、病害率、病情指数等；最后把这些数据汇总，计算平均值。把地理坐标与相应的指标数据导入到Arcgis中，进行插值分析。

插值分析时所采用的方法为克里金法。

克里金法假定采样点之间的距离或方向可以反映并可用于说明表面变化

的空间相关性。克里金法是一个多步过程，它包括数据的探索性统计分析、变异函数建模和创建表面，还包括研究方差表面。在了解数据中存在空间相关距离或方向偏差后，便会认为克里金法是最适合的方法。克里金法可对周围的测量值进行加权，以得出未测量位置的预测，因此它与反距离权重法类似。这两种插值器的常用公式均由数据的加权总和组成：

$$Z^*(S_0) = \sum_{i=1}^{N} \lambda_i(S_i)$$

其中，$Z^*(S_0)$ = 第 i 个位置处的测量值，λ_i = 第 i 个位置处的测量值的未知权重，S_0 = 预测位置，N = 测量值数插值分析完成后，对栅格数据进行裁剪、重分类。重分类的分类级别定为5。

采用 Microsoft Excel（2003）进行数据处理，绘制图表；用 SPSS 16 软件 Analyze/Compare means/One – Way ANOVA 和 Bivariate correlations 模块对苜蓿病害率和病害程度与气象因子数据进行多重比较和差异显著性分析。

第四章　黑龙江省苜蓿种植区
积温带划分研究

　　气候资源作为自然资源中一个重要的组成部分，同其他资源的差别在于它的变异性。气候变化给人类的生存和发展带来了一系列重大影响，已经危及到农业和粮食、水资源、能源、生态、公共卫生安全等各方面。随着全球气候变暖日益显著，以气候变暖为代表的全球性环境问题引起了社会各界的广泛关注。因为气候变暖直接影响到人类的生存环境和社会经济的发展，特别是在自然区域划分和农业生产方面影响显著。因此，研究气候变化及其影响是气候领域的重要课题之一，众多学者对气候变暖引起的中国及其部分区域热量资源变化进行深入的研究。

　　农业是受气候变化影响最敏感的领域之一。因为积温是影响植物发育的一个重要气象要素，当作物完成某一阶段或整个生育期的生长发育时，需要一定的积温。积温的多少不仅影响作物生长发育、产量和质量以及作物本身全生命过程，还影响作物的分布界限、种植制度和栽培方式，因此，积温研究对农业生产具有重要影响。由于积温在空间分布和总量上变化巨大，因此在大尺度空间范围需要进行积温带分布规律研究，以便为区域农业生产实践提供理论基础。

　　在20世纪80年代前，黑龙江省采用1961—1980年的温度指标将全省划分为5个积温带：第一积温带（≥2 600℃·d）、第二积温带（2 600～2 400℃·d）、第三积温带（2 400～2 200℃·d）、第四积温带（2 200～2 000℃·d）和第五积温带（≤2 000℃·d）。20世纪80年代以来，气温上升，积温也增加，这对黑龙江省的农业产生了很大影响。在90年代中期，为了适应气候变暖，黑龙江省积温带划分增加至6个，为第一积温带（≥2 700℃·d）、第二积温带（2 500～2 700℃·d）、第三积温带（2 300～2 500℃·d）、第四积温带（2 100～2 300℃·d）、第五积温带（1 900～2 100℃·d）和第六积温带（≤1 900℃·d）。曹萌萌等进行了黑龙江省积温带重新划分研究，与早期的 6 个积温带相比，黑龙江省的大多县市≥10℃积温超过 2 700℃·d，绝大多数县市位于第一、第二积温带，仅 8 个县市位于第三、四、六积温带，第五积温带基本消失，积温带变化巨大。这是由于随着全球气候变暖，北半球高纬度地区冬季变暖情况突出，而黑龙江省正好位于这一地区。

以上积温带均采用≥10℃积温进行划分，并且主要服务于农业生产。鲜有服务于草业生产的积温带理论体系。在一些国家，草业经济已经成为国民经济中的支柱产业，生态和经济效益都非常可观。发展草业经济的重要意义有以下三方面：首先，发展草业经济有利维护生态安全，建设环境友好型社会；其次，发展草业经济有利于发展现代农业，推动农业结构调整；最后，发展草业经济有利于加快草原地区发展，增加农民收入。

近年来，随着我国农业结构的调整，草原生态环境治理工程的实施和畜牧业的快速发展，牧草的作用和地位不断加强。因为牧草产品是畜牧业发展的物质基础，也是畜牧业发展不可替代的资源。牧草产品在缓解粮食安全问题，提高肉、蛋、奶品质，改良土壤结构，改善环境等方面作用显著。尤其是频繁发生的畜禽产品质量安全事件和人们对绿色无污染畜禽产品消费的重视程度越来越高，加速了市场对优质牧草特别是苜蓿草的需求。中国是世界苜蓿种植的大国，根据《中国草业统计》，我国生产苜蓿的企业有 200 余家，在 2011 年全国苜蓿保留种植的面积为 377.47 万 hm^2，苜蓿种子田面积为 5.47 万 hm^2，生产种子达 1.9 万 t。作为"牧草之王"的紫花苜蓿是世界上栽培最早及分布最广的多年生豆科牧草，它具有高产、品质优良、营养价值高等一系列的优点，是饲养畜禽必不可少的优质粗饲料，发展苜蓿产业对我国畜禽养殖具有重要的意义。作为最好的豆科饲草作物，苜蓿在北方草原生态治理、退耕还草、农区粮食作物—经济作物二元结构向粮食作物—经济作物—饲料作物三元结构方向调整、奶牛业及草食家畜畜牧业快速建设中发挥着重要的作用。同时，作为黑龙江省典型的苜蓿品种的肇东苜蓿，它是优质的多年生豆科牧草，随着畜牧业的不断发展，在黑龙江省种植的面积也不断扩大。但是，由于种植面积扩大、种植年限增加以及引种等一些因素，肇东苜蓿病害在黑龙江省时有发生，在生产上造成了巨大损失，已经严重威胁到肇东苜蓿产业的发展。为了保持和增加苜蓿产量，必须对其许多病害有所了解，并掌握其鉴别和防治的方法。草地生产实践表明，当气温大于 0℃

时，大部分草地植物已开始萌发。因此有必要进行该地区草地积温带的划分，为草地生产提供理论支持。

一、研究地概况

（一）地理信息

黑龙江省（43°26′~53°34′N，121°13′~135°06′E）位于中国的最北部，北部和东部与俄罗斯接壤，西部与内蒙古接壤，而南部与吉林相接。总面积为46.9万 km²，约占我国总面积的5%。境内自西北向东南分布有大小兴安岭、张广才岭、完达山脉，海拔为500~1 400m，是温度、降水的界线。全省江河湖泊很多，主要有黑龙江、乌苏里江、松花江、嫩江、绥芬河五大水系和兴凯湖、镜泊湖、五大连池等湖泊。地貌类型复杂多样，既有辽阔的平原，还有起伏的山前台地、高峻的山岭和低缓的丘陵。地形可分为山地和平原两大部分。山地主要由大兴安岭的北端、小兴安岭和长白山北段组成，大约占全省面积的58%。平原主要是松嫩平原和三江平原（包括兴凯湖平原），分别位于山地西侧和东侧，地形较平缓，相对高差很小。东北部的三江平原和西部的松嫩平原是中国最大的东北平原的一部分，平原占全省总面积的37.0%，海拔高度为50~200m。

（二）气候类型

黑龙江省处在由暖温带向寒温带、湿润区向半干旱区过渡的地带，季风气候特征明显，大陆性气候特征突出，气候类型属于温带大陆性季风气候。气候时空差异显著，气温由东南向西北逐渐降低，以温度作为标准，年平均气温4~5℃，冬季严寒却漫长，夏季气温高，光照时间长，适宜植物生长。冬夏温差很大，春、秋两季天气变化剧烈。年降水量在500mm左右，绝大部分降水量集中在夏季。

（三）土壤类型

黑龙江省土壤类型丰富，主要有暗棕壤、黑土、白浆土、黑钙土、风沙土、盐碱土、草甸土、沼泽土、棕壤、针叶林土等。黑龙江地区特有的黑土土壤非常肥沃，这种土壤土性温和，大多数农作物均能在此种植与成长。植被主要有针叶林、针阔混交林、阔叶林、森林草原与草甸草原、草甸与沼泽等。土壤养分存在明显的区域性差异，松嫩平原东北部、黑河大部、三江平原东部土壤有机质、速效钾、全氮含量明显高于平均水平，而黑龙江省南部及松嫩平原西部土壤肥力状况较差。全省土壤有机质含量和全氮含量呈稳中有升的趋势；速效磷含量和速效钾含量则呈逐年上升的趋势。

（四）主要作物与人均收入

黑龙江省是我国重要的粮食生产基地，主要种植玉米、水稻、大豆等农作物，2011 年粮食总产量达 557.05 亿 kg，占全国总产量的 9.8%，是我国第一产粮大省。主要粮食作物有水稻、小麦、玉米、大豆、马铃薯、杂粮和杂豆等，而经济作物有甜菜、亚麻、向日葵、烤烟、饲草料苜蓿等。玉米是黑龙江省主栽的四大作物之一，产量极高，约占粮食作物的 1/3，种植范围更大。近十几年来，玉米的播种面积基本都在 200 万 hm^2 以上，年总产量在 1 000 万 t 左右，并且在国内外需求拉动下，种植的面积不断增加。苜蓿是全球主要的农作物之一，目前全世界的苜蓿种植面积约为 3 200 万 hm^2，美国、俄罗斯和阿根廷约占 70%。2009 年黑龙江省城镇居民人均可支配收入为 12 566 元，而农村居民人均纯收入为 5 206.8 元。

二、材料与方法

以黑龙江垦区气象服务系统 2013 年 146 个地面气象站点的逐时平均气温和降水量为基础数据，运用 Excel 通过求和、求平均计算黑龙江省 2013 年 ≥0℃ 的积温和年降水量，应用 ArcGIS 操作系统对黑龙江省 2013 年 ≥0℃ 的积温及年降水量采用样条函数法进行插值分析，研究黑龙江省 2013 年 ≥0℃ 的积温和年降水量，并对黑龙江省进行 ≥0℃ 积温及降水量的区划，制作积温区划图和降水量区划图。

三、积温带划分结果

本文采用 2013 年黑龙江省 146 个气象站点资料进行统计分析，结果表明黑龙江省 ≥0℃ 的年积温为 2 036 ~ 3 704℃。把黑龙省分别划分为 3、4、5、6、7 个积温带，其积温带地区分布如表 4 – 1 所示。积温带的分布呈明显的纬度地带性，由南向北积温逐渐减少。其中积温最高出现在黑龙江省的西南地区，最低出现在北部地区（彩插图 4 – 1A 至彩插图 4 – 1E）。

表 4 - 1 黑龙江省草地积温带及行政分布

Tab. 4 - 1 The distribution of grassland accumulated temperature

zone in Heilongjiang Province

划带数	积温带	≥0℃ 积温（℃）	行政分布
三带	第一积温带	≥3 009	莫力达瓦达斡尔族自治旗，克山县，拜泉县，海伦县，克东县，绥棱县，绥化市，铁力市，伊春市，同江市，抚远县，富锦县，绥滨县，富锦市，饶河县，汤原县，友谊县，宝清县，虎林市，甘南县，龙江县，齐齐哈尔市，杜尔伯特蒙古族自治县，大庆市，肇源县，肇东市，肇州县，依兰县，岭西区，岭东区，勃利县，茄子河区，密山市，鸡东县，麻山区，穆棱市，林口县，海林市，宁安市，林口县，木兰县，方正县，尚志市，五常市，双城市，呼兰县，巴彦县，延寿县，通河县，宾县，阿城市，平房区，望奎县，明水县，青冈县，兰西县
	第二积温带	2 485 ~ 3 009	呼玛县，黑河市，孙吴县，嫩江县，逊克县，嘉荫县，萝北县，北安市，克山县，克东县，五大连池市，讷河市，海伦市，庆安县，绥棱县，伊春市，饶河县，虎林市
	第三积温带	≤2 485	漠河县，塔河县，呼玛县
四带	第一积温带	≥3 227	甘南县，富拉尔基区，梅里斯达斡尔族区，昂昂溪区，林甸县，杜尔伯特蒙古自治县，让胡路区，龙凤区，红岗区，安达市，泰来县，大同区，肇州县，肇源县，肇东市，望奎县，清清小，兰西县，绥化市，呼兰县，巴彦县，木兰县，宾县，平房区，阿城市，双城市，五常市，牡丹江市，宁安市，东宁县，绥芬河市，勃利县，密山东南部，虎林南部，宝清县，岭西区，岭东区，宝山区，极限去，友谊县，绥滨县
	第二积温带	2 934 ~ 3 227	讷河市，富裕县，依安县，华安区，克山县，克东县，拜泉县，明水县，海伦市，绥棱县，铁力市，翠峦区，乌马河区，美溪区，西林区，金山屯区，兴安区，南岔区，带岭区，汤原县，沂南县，通河县，方正县，依兰县，桦南县，延寿县，尚志县，海林市，穆棱市，梨树区，麻山区，林口县，恒山区，鸡东县，城子河区，滴道区，茄子河区，密山市北部，虎林北部，萝北县，富锦市，同江市，饶河县，抚远县，龙江县
	第三积温带	2 465 ~ 2 934	呼玛县，黑河市，孙吴县，嫩江县，逊克县，嘉荫县，萝北县，北安市，克山县，克东县，五大连池市，讷河市，德都县，上甘岭区，友好区
	第四积温带	≤2 465	漠河县，塔河县

（续表）

划带数	积温带	≥0℃ 积温（℃）	行政分布
五带	第一积温带	≥3 289	莫力达瓦达斡尔族自治旗，甘南中部，富拉尔基区，梅里斯达斡尔族区，昂昂溪区，富裕县南部，林甸区，杜尔伯特蒙古族自治县，泰来县，让胡路区，龙凤区，红岗区，安达区，大同区，肇州县，望奎县，青冈县，绥化市，兰西县，肇东市，呼兰县，巴彦县，木兰县宾县，平房区，阿城市，肇源县，双城市，五常市，牡丹江市，宁安市，穆棱市，绥芬河市，东宁县
	第二积温带	3 116～3 289	讷河市，富裕县，依安县，克山县，克东县，拜泉县，明水县，海伦县，绥棱县，庆安县，铁力市，西林区，金山屯区，南岔区，带岭区，萝北县，兴安区，桦川县，佳木斯市，汤原县，依兰县，桦南县，同江市，抚远县，富锦市，虎林市，茄子河区，密山东南部，通河县，方正县，延寿县，尚志市，林口县，麻山区，梨树区，恒山区，鸡东县，滴道区，海林市，华安区，龙江县
	第三积温带	2 887～3 116	呼玛县南部，黑河市，嫩江县，德都县，孙吴县，友好区，北安市，上甘岭区，翠峦区，乌马河区，美溪区
	第四积温带	2 455～2 887	呼玛县北部，嘉荫县，五大连池市
	第五积温带	≤2 455	漠河县，塔河县
六带	第一积温带	≥3 345	梅里斯达斡尔族区，昂昂溪区，林甸县，泰来县，杜尔伯特蒙古自治县，让胡路区，龙凤区，红岗区，安达市，大同市，绥化市，兰西县，肇东市，肇州县，肇源县，平房区，双城市，宾县，木兰县，勃利县，岭西区，岭东区，宝清县
	第二积温带	3 186～3 345	甘南县，华安区，龙江县，富拉尔基区，富裕县，明水县，青冈县，望奎县，庆安县，依兰县，巴彦县，呼兰县，阿城市，五常市，通河县，方正县，延寿县，尚志市，海林市，宁安市，东宁县绥芬河市，穆棱市，梨树区，恒山区，鸡东县，滴道区，茄子河区，华南县，佳木斯市，桦川县，集贤县，宝山区，友谊县，绥滨县，富锦市
	第三积温带	3 004～3 186	莫力达瓦达乌尔族自治旗，讷河市，依安县，克山县，克东县，拜泉县，海伦市，绥棱县，铁力市，翠峦区，乌马河区，美溪区，西林区，西林区，金山屯区，南岔区，带岭区，兴安区，萝北县，汤原县，同江市，抚远县，饶河县，虎林，林口县，麻山区，海林区
	第四积温带	2 802～3 004	呼玛县南部，黑河市，孙吴县，逊克县，嫩江县，德都县，北安市，上甘岭区，友好区
	第五积温带	2 437～2 802	呼玛县北部，嘉荫县，五大连池市
	第六积温带	≤2 437	漠河县，塔河县

（续表）

划带数	积温带	≥0℃积温（℃）	行政分布
七带	第一积温带	≥3 351	肇东市，密山东南部，虎林南部
	第二积温带	3 197～3 351	梅里斯达斡尔族区，富拉尔基区，昂昂溪区，泰来县，林甸县，杜尔伯特蒙古自治县，让胡路区，龙凤区，红岗区，安达市，大同区，绥化市，兰西县，肇州县，肇源县，双城市平房区，宾县，木兰县，东宁县，绥芬河市，宝清县，岭西区，岭东区，宝山区，集贤县
	第三积温带	3 040～3 197	讷河市，甘南县，富裕县，依安县，龙江县，华安区，明水县，望奎县，青冈县，庆安县，呼兰县，巴彦县，铁力市，依兰县，通河县，方正县，延寿县，尚志市，五常市，海林市，宁安市，穆棱市，梨树区，麻山区，鸡东县，滴道区，茄子河区，密山市，虎林市，汤原县，佳木斯市，桦川县，友谊县，绥滨县，富锦县，同江市
	第四积温带	2 865～3 040	克山县，克东县，拜泉县，海伦市，绥棱县，友好区，翠峦区，乌马河区，美溪区，西林区，金山屯区，南岔区，带岭区，兴安区，萝北县，抚远县，饶河县，密山市，林口县
	第五积温带	2 661～2 865	呼玛县南部，嫩江县，黑河市，孙吴县，逊克县，德都县，上甘岭区，北安市
	第六积温带	2 352～2 661	呼玛中部，嘉荫县
	第七积温带	≤2 352	漠河县，塔河县，呼玛西北部，五大连池市
三带	第一积温带	≤3 200	莫力达瓦达乌尔族自治旗，克山县，拜泉县，海伦县，克东县，绥棱县，绥化市，铁力市，伊春市，同江市，抚远县，富锦县，绥滨县，富锦市，饶河县，汤原县，友谊县，宝清县，虎林市，甘南县，龙江县，齐齐哈尔市，杜尔伯特蒙古族自治县，大庆市，肇源县，肇东县，肇州县，依兰县，岭西区，岭东区，勃利县，茄子河区，密山市，鸡东县，麻山区，穆棱市，林口县，海林市，宁安市，林口县，木兰县，方正县，尚志市，五常市，双城市，呼兰县，巴彦县，延寿县，通河县，宾县，阿城市，平房区，望奎县，明水县，青冈县，兰西县
	第二积温带	2 600～3 200	呼玛县，黑河市，孙吴县，嫩江县，逊克县，嘉荫县，萝北县，北安市，克山县，克东县，五大连池市，讷河市，海伦市，庆安县，绥棱县，伊春市，饶河县，虎林市
	第三积温带	0～2 600	漠河县，塔河县，呼玛县

（续表）

划带数	积温带	≥0℃ 积温（℃）	行政分布
四带	第一积温带	≥3 400	甘南县，富拉尔基区，梅里斯达斡尔族区，昂昂溪区，林甸县，杜尔伯特蒙古自治县，让胡路区，龙凤区，红岗区，安达市，泰来县，大同区，肇州县，肇源县，肇东市，望奎县，清清小，兰西县，绥化市，呼兰县，巴彦县，木兰县，宾县，平房区，阿城市，双城市，五常市，牡丹江市，宁安市，东宁县，绥芬河市，勃利县，密山东南部，虎林南部，宝清县，岭西区，岭东区，宝山区，极限去，友谊县，绥滨县
	第二积温带	2 900～3 400	讷河市，富裕县，依安县，华安区，克山县，克东县，拜泉县，明水县，海伦市，绥棱县，铁力市，翠峦区，乌马河区，美溪区，西林区，金山屯区，兴安区，南岔区，带岭区，汤原县，沂南县，通河县，方正县，依兰县，桦南县，延寿县，尚志县，海林市，穆棱市，梨树区，麻山区，林口县，恒山区，鸡东县，城子河区，滴道区，茄子河区，密山市北部，虎林北部，萝北县，富锦市，同江市，饶河县，抚远县，龙江县
	第三积温带	2 400～2 900	呼玛县，黑河市，孙吴县，嫩江县，逊克县，嘉荫县，萝北县，北安市，克山县，克东县，五大连池市，讷河市，德都县，上甘岭区，友好区
	第四积温带	≤2 400	漠河县，塔河县
五带	第一积温带	≥3 500	莫力达瓦达乌尔族自治旗，甘南中部，富拉尔基区，梅里斯达斡尔族区，昂昂溪区，富裕县南部，林甸区，杜尔伯特蒙古族自治县，泰来县，让胡路区，龙凤区，红岗区，安达区，大同区，肇州县，望奎县，青冈县，绥化市，兰西县，肇东市，呼兰县，巴彦县，木兰县宾县，平房区，阿城市，肇源县，双城市，五常市，牡丹江市，宁安市，穆棱市，绥芬河市，东宁县
	第二积温带	3 100～3 500	讷河市，富裕县，依安县，克山县，克东县，拜泉县，明水县，海伦市，绥棱县，庆安县，铁力市，西林区，金山屯区，南岔区，带岭区，萝北县，兴安区，桦川县，佳木斯市，汤原县，依兰县，桦南县，同江市，抚远县，富锦市，虎林市，茄子河区，密山东南部，通河县，方正县，延寿县，尚志市，林口县，麻山区，梨树区，恒山区，鸡东县，滴道区，海林市，华安区，龙江县
	第三积温带	2 700～3 100	呼玛县南部，黑河市，嫩江县，德都县，孙吴县，友好，北安市，上甘岭区，翠峦区，乌马河区，美溪区
	第四积温带	2 300～2 700	呼玛县北部，嘉荫县，五大连池市
	第五积温带	≤2 300	漠河县，塔河县

（续表）

划带数	积温带	≥0℃ 积温（℃）	行政分布
六带	第一积温带	≥3 500	梅里斯达斡尔族区，昂昂溪区，林甸县，泰来县，杜尔伯特蒙古自治县，让胡路区，龙凤区，红岗区，安达市，大同市，绥化市，兰西县，肇东市，肇州县，肇源县，平房区，双城市，宾县，木兰县，勃利县，岭西区，岭东区，宝清县
	第二积温带	3 200～3 500	甘南县，华安县，龙江县，富拉尔基区，富裕县，明水县，青冈县，望奎县，庆安县，依兰县，巴彦县，呼兰县，阿城市，五常市，通河县，方正县，延寿县，尚志市，海林市，宁安市，东宁县绥芬河市，穆棱市，梨树区，恒山区，鸡东县，滴道区，茄子河区，华南县，佳木斯市，桦川县，集贤县，宝山区，友谊县，绥滨县，富锦市
	第三积温带	2 900～3 200	莫力达瓦达斡尔族自治旗，讷河市，依安县，克山县，克东县，拜泉县，海伦市，绥棱县，铁力市，翠峦区，乌马河区，美溪区，西林区，西林区，金山屯区，南岔区，带岭区，兴安区，萝北县，汤原县，同江市，抚远县，饶河县，虎林，林口县，麻山区，海林区
	第四积温带	2 600～2 900	呼玛县南部，黑河市，孙吴县，逊克县，嫩江县，德都县，北安县，上甘岭区，友好区
	第五积温带	2 300～2 600	呼玛县北部，嘉荫县，五大连池市
	第六积温带	≤2 300	漠河县，塔河县
七带	第一积温带	≥3 500	肇东市，密山东南部，虎林南部
	第二积温带	3 300～3 500	梅里斯达斡尔族区，富拉尔基区，昂昂溪区，泰来县，林甸县，杜尔伯特蒙古自治县，让胡路区，龙凤区，红岗区，安达市，大同区，绥化市，兰西县，肇州县，肇源县，双城市平房区，宾县，木兰县，东宁县，绥芬河市，宝清县，岭西区，岭东区，宝山区，集贤县
	第三积温带	3 100～3 300	讷河市，甘南县，富裕县，依安县，龙江县，华安县，明水县，望奎县，青冈县，庆安县，呼兰县，巴彦县，铁力市，依兰县，通河县，方正县，延寿县，尚志市，五常市，海林市，宁安市，穆棱市，梨树区，麻山区，鸡东县，滴道区，茄子河区，密山市，虎林市，汤原县，佳木斯市，桦川县，友谊县，绥滨县，富锦市，同江市
	第四积温带	2 900～3 100	克山县，克东县，拜泉县，海伦市，绥棱县，友好区，翠峦区，乌马河区，美溪区，西林区，金山屯区，南岔区，带岭区，兴安区，萝北县，抚远县，饶河县，密山市，林口县
	第五积温带	2 700～2 900	呼玛县南部，嫩江县，黑河市，孙吴县，逊克县，德都县，上甘岭区，北安市
	第六积温带	2 500～2 700	呼玛中部，嘉荫县
	第七积温带	≤2 500	漠河县，塔河县，呼玛西北部，五大连池市

四、讨论

积温带的划分为黑龙江省农业和草地生产实践提供了理论基础,但农业积温带和草地积温带划分有所差异。农业积温带常采用≥10℃积温进行划分,而草地积温带常采用 ≥0℃积温进行划分;农业积温带一般可划分为5、6个积温区划带,而草地积温带可划分为3、4、5、6、7个积温区划带。

由彩插图4-1可知,黑龙江省≥0℃ 积温随时间呈增加趋势。由彩插图4-1A可知,黑龙江省的县市≥0℃积温为 2 036~2 485℃·d时,仅有 3 个县市位于第三积温带;在 2 485~3 009℃·d 时,少部分县市位于第二积温带;而黑龙江省县市大部分集中在 3 009~3 704℃·d,绝大多数县市位于第一积温带,积温带变化不大。由彩插图4-1B可知,当≥0℃积温为 2 036~2 465℃·d 时,仅有 2 个县市位于第四积温带;当积温为 2 465~2 934℃·d 时,少部分县市位于第三积温带;当积温为 2 934~3 227℃·d 时,绝大多数县市位于第二积温带;而积温为 3 227~3 704℃·d 时,大部分县市位于第一积温带,且积温带变化大。由彩插图4-1C可知,当≥0℃积温为 2 036~2 455℃·d 时,仅有 2 个县市位于第五积温带;当积温为 2 455~2 887℃·d 时,仅有 3 个县市位于第四积温带;当积温为 2 887~3 116℃·d 时,有 7 个县市位于第三积温带;当积温为 3 116~3 289℃·d 时,绝大多数县市位于第二积温带;当积温为 3 289~3 704℃·d 时,大部分县市位于第一积温带,积温带变化较大。由彩插图4-1D可知,当≥0℃积温为 2 036~2 437℃·d 时,仅有 2 个县市位于第六积温带;当积温为 2 437~2 802℃·d 时,仅有 3 个县市位于第五积温带;当积温为 2 802~3 004℃·d 时,有 9 个县市位于第四积温带;当积温为 3 004~3 186℃·d 时,大部分县市位于第三积温带;当积温为 3 186~3 345℃·d 时,绝大多数县市位于第二积温带;当积温为 3 345~3 704℃·d 时,部分县市位于第一积温带,积温带变化非常大。由彩插图4-1E可知,当≥0℃ 积温为 2 036~2 352℃·d时,仅有 4 个县市位于第七积温带;2 352~2 661℃·d 时,仅有 2 个县市位于第六积温带;2 661~2 865℃·d 时,有 8 个县市位于第五积温带;2 865~3 040℃·d 时,部分县市位于第四积温带;3 040~3 197℃·d 时,绝大多数县市位于第三积温带;3 197~3 351℃·d 时,大部分县市位于第二积温带;3 351~3 704℃·d 时,仅有 3 个县市位于第一积温带,且积温带变化巨大。

由此可见,黑龙江省的大多县市≥0℃积温超过 2 700℃·d 时,绝大多数县市位于第一、二积温带，少数位于第三、四、五积温带，且随着草地积温带划分的带数的增加，县市积温带划分的更加明确，可为黑龙江省农业种植带的变化、作物适宜种植区变化以及品种更替等提供帮助。

五、结论

气候是大气物理特征的长期平均状态。农业积温带的划分研究往往是建立在多年气象资料基础之上。如黑龙江省第一次积温带的划分所采用的气象数据为 20 年。而本次针对黑龙江省草地积温带的划分，在了解到黑龙江省的大多县市≥0℃积温超过 2 700℃·d 时，绝大多数县市位于第一、二积温带，少数位于第三、四、五积温带。本次仅采用 2013 年的数据，结果可能存在一定的片面性，但本次对黑龙江省草地积温带划分的经验与方法可为黑龙江省农业种植带的变化、作物适宜种植区变化以及品种更替等提供帮助，不仅有利于提高粮食的产量，还能避免由于气候资源变化带来的损失，并为今后黑龙江省草地积温带的划分提供技术支撑。

第五章　黑龙江省苜蓿病害现状调查与分析

苜蓿是多年生的优良豆科牧草，其营养价值高，生产潜力大，用途广泛，在世界许多地方它都作为一种重要的家畜饲料牧草，具有产量高、蛋白含量丰富的特点。在我国素有"牧草之王"和"饲料皇后"的美称。然而苜蓿病害繁多，影响苜蓿生产，制约着苜蓿产业发展。引起苜蓿病害的病原生物包括真菌、细菌、病毒、线虫和寄生性种子植物，最主要的是真菌。2001 年，南志标报道我国发现苜蓿病原真菌 36 属 40 种。细交链孢（*Alternaria alternata*）、不全壳二孢（*Ascochyta imperfecta*）、黄曲霉（*Aspergillus flavus*）、黑曲霉（*Aspergillus niger*）、曲霉（*Aspergillus spp.*）、链二孢（*Biospora sp.*）、根腐离蠕 B（*ipolarissorokiniana*）、壳格孢（*Camarosporium sp.*）、头孢霉（*Cephalospoium sp.*）、毛壳菌（*Chaetomium sp.*）、多主枝孢（*Cladosporium herbarum*）、炭疽菌（*Colletotrichum sp.*）、盾壳霉（*Coniothyrium sp.*）、色二孢（*Diplodia spp.*）、德氏霉（*Drechslera spp.*）、子囊菌（*Eurotiales sp.*）、燕麦镰孢（*Fusarium avenaceum*）、尖镰孢（*Fusarium oxysporum*）、镰刀菌（*Fusarium spp.*）、粘帚霉（*Gliocladium roseum*）、壳蠕孢（*Hendersonia sp.*）、丛梗孢（*Monilia sp.*）、毛霉（*Mucor sp.*）、蒲头霉（*Mycot ypha sp.*）、拟青霉（*Paeci liomyces sp.*）、阜孢霉（*Papularia sp.*）、青霉（*Penicillium spp.*）、茎点霉（*Phoma spp.*）、立枯丝核菌（*Rhizoctonia solani*）、黑根霉（*Rhizopus stolonifer*）、帚霉（*Scopulariopsis sp.*）器孢（*Sporonem a sp.*）、葡萄穗霉（*Stachybotrys sp.*）、圆孢霉（*Staphylotrichum sp.*）、匍柄霉（*Stemphylium sp.*）、链霉（*Streptomyces sp.*）、缨霉（*Thysanophora sp.*）、木霉（*Trichoderma sp.*）、粉红单端孢（*Trichotheciumroseum*）、单格孢（*Ulocladium sp.*）。据不完全统计，全国的苜蓿病害大约有 90 种。包括苜蓿白粉病（*Leveillula leguminosarum Erysiphepisi*）、苜蓿锈病（*Uromyces striatus*）、苜蓿霜霉病（*Peronspora aestivalis*）、苜蓿褐斑病（*Pseudopeziza medicaginis*）、苜蓿丛枝病（MLO/ RLO）、苜蓿菟丝子（*Cuscuta campestris*）、根腐综合征（*Fusar-*

ium sp.)、镰刀菌根腐萎蔫病（*Fusarium sp.*)、炭疽病（*Colletotrichum trifolii*)、夏季黑茎与叶斑病（*Cercospora medicaginis*)、匍柄霉叶斑病（*Stemphylium saciniiform*)、花叶病（AMV）、壳二孢茎斑枯病（*Ascochyta sp.*)、交链孢黑斑病（*Alternaria alternate*)、细质霉叶斑病（*Leptophyrium coronatum*)、基腐病（*Macrophomina phaseoli*)、叶点病（*Phyllosticta medicaginis*)、立枯病（*Rhizoctonia solan*)、苜蓿割草软腐病（*Penicillium notafum*)、黑斑病（*Stemphylium botryosum*)、苜蓿菌核根腐病（*Sclerotinia trifoliorum*)、细菌性叶斑病（*Xanthomonas alfalfa*)、苜蓿黄萎病（*Verticillium alboatrum* ）等。到目前为止，我国从事牧草病害的科学工作者，有研究病原菌的形态特征、生物学特性，也有研究各地区病害流行的规律，但关于各苜蓿分布区相关病害的发病率及病情指数的却未见报道。为此，我们针对苜蓿病害的多样性，在黑龙江省几大苜蓿种植区进行苜蓿病害多样性、病害率和黑龙江省苜蓿多发病害褐斑病、小光壳叶斑病、霜霉病、锈病的调查、介绍、分析、绘制图表与总结，并提出防治措施，以便为未来苜蓿的培育提供有效的数据，为未来黑龙江省畜牧业的发展提供有力的保障。

一、实验材料与方法

（一）实验材料

样方框（0.25cm^2），剪刀，铁锤，样品袋，卷尺，GPS，野外记录本，铅笔，电子天平，信封，细孔筛，烘箱。

（二）实验方法

1. 苜蓿病害调查方法

2015 年 7 月，在黑龙江省二茬苜蓿生长季节，分别在黑龙江省甘南（GN）、佳木斯（JMS）、兰西（LX）、青冈（QG）、民主（MZ）、牡丹江（MDJ）及大庆地区（DQ）各苜蓿种植基地进行了苜蓿样品采集。采用五点采样法，每点随机采集 3～5 株苜蓿植株，并标号。

苜蓿叶部病害发病率：每一地区对应各点分别采集 100 片苜蓿叶片，统计有病和无病叶片数，计算五点的平均值为该地区的发病率。

$$发病率（\%）= \frac{有病叶片数}{样本叶片数} \times 100$$

病情指数是全面考虑发病率与病害程度两者的综合指标。以叶片为单位。当病害程度用分组代表值表示时，病情指数计算公式为：

$$DI = \frac{\sum (ni \times Si)}{4 \times N} \times 100$$

式中：DI——病情指数；

  n——相应发病级别的株（叶、枝条）数；

  i——病情分级的各个级别；

  S——发病级别；

  N——调查的总株数。

立足 Arcgis 10，采用 spatial analyst 模块中的克里金法进行插值分析。

2. 数据处理方法

数据处理时，首先要整理实验过程中所记录各个样点的数据，包括经纬度、海拔高度等；然后根据测量的数据计算出研究区苜蓿各种数量指标，如病害多样性、病害率、病情指数等；最后把这些数据汇总，计算平均值。把地理坐标与相应的指标数据导入到 Arcgis 中，进行插值分析。插值分析时所采用的方法为克里金法。克里金法假定采样点之间的距离或方向可以反映可用于说明表面变化的空间相关性。克里金法是一个多步过程，它包括数据的探索性统计分析、变异函数建模和创建表面，还包括研究方差表面。当了解数据中存在空间相关距离或方向偏差后，便会认为克里金法是最适合的方法。由于克里金法可对周围的测量值进行加权以得出未测量位置的预测，因此它与反距离权重法类似。这两种插值器的常用公式均由数据的加权总和组成：

$$Z^{*}(S_0) = \sum_{i=1}^{N} \lambda_i(S_i)$$

其中，$Z^{*}(S_0)$ = 第 i 个位置处的测量值，λ_i = 第 i 个位置处的测量值的未知权重，S_0 = 预测位置，N = 测量值数插值分析完成后，对栅格数据进行裁剪、重分类。重分类的分类级别定为 5。

二、结果与分析

（一）苜蓿病害的多样性

苜蓿病害是由病原真菌、细菌、病毒等多种病原物所引起的，最主要的是真菌，其中，受害最大的部位是叶部和根部，通常称为叶部和根部的病害。该病害几乎在我国的苜蓿种植区均有发生，且种类繁多，常出现同一株植株感染 2 种或 2 种以上病害。目前我国有关于苜蓿病害研究的文献记载最早见于 20 世纪 20 年代初，但直到 20 世纪 70 年代才开始有较为系统的认识与研究。刘若和候天爵在 1984 年初步提出我国苜蓿真菌病害在北方地区有

22 种。苜蓿褐斑病、苜蓿锈病、苜蓿霜霉病、苜蓿白粉病、苜蓿尾孢叶斑病、苜蓿炭疽病、苜蓿轮斑病、苜蓿黄萎病、苜蓿春季黑茎病、苜蓿镰刀菌根腐病、苜蓿丝核菌病、苜蓿花叶病、苜蓿丛枝病等。在 1994 年，候天爵进一步提出了包括苜蓿病原真菌在内的 23 种，病原细菌 2 种，病毒 1 种，类菌原体 1 种，菟丝子 7 种和 1 种尚待进一步研究证实的病原线虫，总计 35 种病原物。2001 年，南志标又报道我国发现苜蓿病原真菌 36 属 40 种。此后，对苜蓿的研究也逐渐增加。到目前为止，我国从事牧草病害的科学工作者已在新疆维吾尔自治区、甘肃、内蒙古自治区、吉林等省区的大部分苜蓿种植区和青海、宁夏回族自治区、陕西、山西、河北、山东、辽宁、黑龙江、云南、贵州、江苏等省区的局部地方进行了调查，并观察苜蓿病害的发生与为害情况。统计研究认为，锈病、霜霉病、褐斑病、白粉病、夏季黑茎与叶斑病、春季黑茎与叶斑病、黄斑病和匍柄霉叶斑病为 8 种常见病害。最新研究文献有王瑜等在 2016 年发表的对东北与华北地区紫花苜蓿病害调查与主要病害流行规律研究，得出在东北地区共发现苜蓿病害 14 种，其中，在黑龙江省发现病害 12 种，在吉林省发现病害 10 种，在黑龙江省与吉林省均有发生的病害有 8 种，包括褐斑病、春季黑茎与叶斑病、匍柄霉叶斑病、霜霉病、镰刀菌根腐病、花叶病、尖孢镰刀菌根腐病与木贼镰刀菌根腐病。其中，褐斑病、春季黑茎与叶斑病、匍柄霉叶斑病、霜霉病、镰刀菌根腐病 5 种病害在东北地区为害比较严重，其发病率可达 10.8% ~ 36.2%。据调查，小光壳叶斑病在黑龙江几大苜蓿种植区为害二茬及三茬再生幼嫩植株，发病率较高且为害程度严重。而中国北方地区又为锈病严重地区，尤以乳浆大戟生长旺盛的内蒙古和黑龙江地区发病严重。这些苜蓿病害的多样性导致了苜蓿感病的概率增大，影响植株发育生长和生产草量，因此为了研究在黑龙江苜蓿生长季节病害的多样性，我们对黑龙江省各地的苜蓿生长旺盛季节 6 月和 7 月的病害多样性进行了调查与研究。

　　根据黑龙江省 6 月和 7 月研究区病害多样性的调查与研究，绘制了彩插图 5 - 1。从彩插图 5 - 1 中可知黑龙江省 6 月份研究区苜蓿病害多样性感染种数较少，从整体呈现出中部高于东西部的格局。东部与西部部分区域苜蓿病害感病种数较低为 1 种，南北部及中部大部分区域苜蓿感病种数为 2 种。其中，抚远县、饶河县、同江县、虎林市、富锦市、绥滨县、宝清县、密山市、平房区、嘉荫县、双城市、五常市莫力达瓦达斡尔族自治旗、讷河市等感病种数较少为 1 种。根据彩插图 5 - 1 统计，研究区 6 月份苜蓿病害多样性感病种数主要分布在 1 ~ 2 种。根据黑龙江全省 ≥0℃ 年积温等值线分析可知（彩插图 5 - 2），黑龙江省南部年积温较高区域，≥0℃年积温等值线同时穿越苜蓿病害 1 种或 2 种区域，这说明≥0℃年积温与苜蓿病害多样性间的相关性较弱。根据研究区年降水等值线分布研究可知（彩插图 5 - 3），苜蓿病害多样性与降水量之间无明显相关性。

7 月份研究区苜蓿病害感病种数有所增加，为 1 ~ 3 种，整体呈现出西南部小部分地区高于中东部，从中东部向西南部逐级增加的格局（彩插图 5 - 4）。中西部少部分区域研究区苜蓿病感病种数为最低 1 种，西部局部地区苜蓿病害感病种数达到了 3 种。其中，林甸县周围研究区苜蓿病害率最小，约为 1 种，根据彩插图 5 - 4 可知，研究区 7 月份苜蓿病害感病种数主要分布在 2 ~ 3 种。7 月份苜蓿病害多样性与研究区≥0℃年积温、降水量依然无明确相关关系（彩插图 5 - 5、彩插图 5 - 6）。

（二）研究区苜蓿病害率

黑龙江省研究区 6 月份苜蓿病害率为 20.40% ~ 98.04%，整体呈现西部高于东部，南部高于北部的分布格局（彩插图 5 - 7）。东部少部分区域苜蓿病害率最低，为 20.40% ~ 35.92%，南部大部分区域苜蓿病害率最高，为 82.51% ~ 98.04%。其中，虎林市、抚远县、饶河县等研究区苜蓿病害率最小，为 20.40% ~ 35.92%。研究区 6 月份苜蓿病害率主要分布在 35.92% ~ 82.51%（表 5 - 1），感染病害较为普遍。由彩插图 5 - 8 可知，较高的年积温等值线上，苜蓿病害率较高，而降水量等值线的分布与苜蓿病害率之间呈现的规律更为繁杂（彩插图 5 - 9）。

表 5 - 1　研究区 6 月份苜蓿病害发病率
Tab. 5 - 1　Diversity of alfalfa diseases in June in the study area

等级	阈值（%）	主要分布区
1	20.40 ~ 35.92	抚远县、饶河县、虎林市等地区
2	35.92 ~ 51.45	富锦市、绥滨县、宝清县、密山市、平房区、嘉荫县、北安市德都县、嫩江县、孙吴县、逊克县、黑河市、呼玛县、塔河县、漠河县等部分地区
3	51.45 ~ 66.98	昂昂溪区、泰来县、讷河市、克东县、克山县、明水县、林甸县、拜泉县、望奎县、大同区、肇源县、阿城市、双城区、绥化市、翠峦区、西林区、友谊县、宝清县、密山市漠河县、呼玛县等地区
4	66.98 ~ 82.51	甘南县、龙江县、大同区、绥棱县、庆安县、绥化市、铁力市、带岭区、南岔区、桦川县、汤原县、东岭区、宝山县、勃利县、鸡东县、巴彦县、宾县、五常市等地区
5	82.51 ~ 98.04	依兰县、岭西区、通河县、方正县、延寿县、滴道区、梨树区、尚志市、海林市、牡丹江市、宁安市等地区

7月份研究区苜蓿病害率为95.17%～100%，整体呈现东南部高于西北部，从西北部向东南部逐级增加的分布格局（彩插图5-10）。西北部少部分区域以及中西部的部分研究区苜蓿病害率最低，为95.17%～96.13%，东南大部分区域苜蓿病害率最高，为99.03%～100%。其中，漠河县、甘南县、龙江县等研究区苜蓿病害率最小，为95.17%～96.13%。研究区7月份苜蓿病害率主要分布在96.13%～100%（表5-2）。黑龙江省的病害发病率较高，调查得知7月份病害发病范围比6月份区域范围增大，整体发病区域广泛。研究区≥0℃年积温、降水量与苜蓿病害率间关系同6月，如彩插图5-11、彩插5-12所示。

表5-2　研究区7月份苜蓿病害发病率

Tab. 5-2　Diversity of alfalfa diseases in July in the study area

等级	阈值（%）	主要分布区
1	95.17～96.13	漠河县、甘南县、龙江县等地区
2	96.13～97.10	呼玛县、塔河县、漠河县、嫩江县、德都县、孙吴县、逊克县、黑河市等部分地区
3	97.10～98.07	昂昂溪区、泰来县、莫力达瓦达斡尔族自治旗、讷河市、克东县、克山县、拜泉县、北安市、望奎县等地区
4	98.07～99.03	龙江县、大同区、肇源县、友好区等地区
5	99.03～100	绥棱县、庆安县、绥化县、铁力市、兰西、萝北县、同江市、抚远县、饶河县、虎林市、密山市、富锦市、绥滨县、带岭区、南岔区、桦川县、桦南县、汤原县、东岭区、宝山区、勃利县、鸡东县、巴彦县、宾县、五常市、依兰县、岭西区、通河县、方正县、延寿县、滴道区、梨树区、尚志市、海林市、牡丹江市、宁安市、绥芬河市等地区

（三）研究区苜蓿褐斑病

1. 苜蓿褐斑病概况

褐斑病（普通叶斑病）几乎遍布世界所有苜蓿种植区，是苜蓿中最常见和破坏性很大的病害之一。其中引起苜蓿褐斑病的病原菌为子囊菌亚门、假盘菌属的苜蓿假盘菌［*Pseudopezizamedicaginis*（Lib.）Sacc］，异名：三叶草假盘［*P. trifolii*（Biv. Bern. ex Fr.）、Fuckel f. sp. *medicagines-sativ aeS* chmiedeknecht］。病菌的子座和子囊盘着生于叶片上面的病斑中央部位，子囊呈棒状，无色，为（55～78）μm×（8～10）μm，有序地排成1～2列。其中的子囊孢子为单孢，无色，卵形至卵圆形。子囊盘初期着生于表皮下，后期突破表皮露出，呈蝶形，大小为370～640μm，子囊为棒状，无色透明，大小为（186～130）μm×（10～20）μm，子囊内有 8 个子囊孢子，子囊孢子为椭圆形的无色透明的单细胞，侧丝很多，大小为（15～20）μm×10μm。褐斑病的子囊孢子以风为媒介传播到新的叶片上，并迅速发芽侵入到苜蓿植株内部，并引起苜蓿的外部特征表现为病斑两面生，圆形或近圆形，直径 0.5～1mm，最大达 3mm，且彼此不相汇合，浅褐色至深褐色，边缘呈锯齿状。病害后期，叶面病斑中央变厚出现直径约 1mm，浅褐色凸起小圆点，一般每病斑上一个，肉眼清晰可见，较大病斑中心多为淡草黄色，边缘暗褐色，病叶变黄皱缩，干旱时首先凋萎，脱落。茎部病斑呈长形，颜色黑褐色，边缘部光滑。且褐斑病对植株生活力会有较大影响，虽不会导致植株死亡，但会为害叶部，严重影响光合作用，使抗逆性和越冬性能力变差。植株病重时会使产量减少 15%～40%，种子减产 25%～57%，粗蛋白含量下降 16%。当家畜采食后，病株会分泌大量的豆雌酚等类黄酮物质，抑制母畜排卵，降低受胎率和产仔率，同时病害会导致单宁含量增加，适口性变劣，消化率也会降低约 14%。在我国，从气候较寒冷的吉林公主岭（年均气温 4～6℃）和内蒙古自治区的扎兰屯（年均气温小于 2℃）等地到亚热带气候的江苏南京（年均气温 14～16℃），发生普遍，为害严重。在西部气候干旱的新疆和甘肃的河西走廊（平均年降水不超过 200mm 的地方）也发生较重，在海拔较高的青海西宁（海拔 2 245m）和甘肃榆中北区（海拔 2 373m），褐斑病亦为害严重。这表明褐斑病菌对地理、气候等生态适应条件的广泛适应，只要具备满足孢子萌发的条件，即可侵染并造成流行。而在黑龙地区，苜蓿褐斑病发病严重，但是却缺少对此项病害的研究，尤其是 6 月和 7 月苜蓿生长季节，病害尤为严重，并且可利用调查和可采用数据较少，因此我们进行了针对 6 月和 7 月苜蓿褐斑病发病率和病情指数全方位的调查。

2. 研究区苜蓿褐斑病发病率

6 月份研究区苜蓿褐斑病发病率为 0～16.67%，从整体呈现东部地区高于西部地区的分布格局（彩插图 5 - 13）。西北部少部分研究区以及中西部的部分地区苜蓿褐斑病发病率最低，为 0～3.33%，中西部的小部分研究区的苜蓿褐斑病发病率最高，为 13.33%～16.67%。其中，漠河县的部分研究区、甘南县、龙江县、明水县、绥棱县、望奎县、巴彦县、阿城市、双城市等研究区苜蓿褐斑病发病率最小，为 0～3.33%。研究区 6 月份苜蓿褐斑病发病率主要分布在 3.33%～16.67%（表 5 - 3）。根据彩插图 5 - 13，褐斑病在黑龙江省发病范围较为广泛，6 月约 50% 的区域都有不同程度的感染。

表 5 - 3　研究区 6 月份苜蓿褐斑病发病率

Tab. 5 - 3　The incidence of alfalfa leaf spot in June in the study area

等级	阈值（%）	主要分布区
1	0 ~ 3.33	漠河县的部分研究区、甘南县、龙江县、明水县、绥棱县、望奎县、巴彦县、阿城县、双城市县等地区
2	3.33 ~ 6.67	昂昂溪区、绥化市、庆安县、拜泉县、克山县、克山县、北安市、德都县、嫩江县、孙吴县、逊克县、黑河市、呼玛县、塔河县、漠河县等部分地区
3	6.67 ~ 10.00	绥棱县、庆安县、绥化县、铁力市、兰西、萝北县、同江市、抚远县、饶河县、虎林市、密山市、富锦市、绥滨县、带岭区、桦川县、桦南县、东岭区、宝山县、勃利县、鸡东县、巴彦县、宾县、五常市、岭西区、延寿县、滴道区、尚志市等地区
4	10.00 ~ 13.33	林甸的部分研究区、依兰县、南岔区、汤原县、通河县、方正县、梨树区、海林市、牡丹江市、宁安市、绥芬河市等地区
5	13.33 ~ 16.67	泰来县、大同区等地区

7 月份研究区苜蓿褐斑病发病率为 2.08% ~ 33.33%，整体呈现东南部高于西北部，中西部高于中东部的格局（彩插图 5 - 14）。西北部少部分研究区以及中东部的大部分研究区苜蓿褐斑病发病率最低，为 2.08% ~ 8.33%，中西部的小部分研究区以及南部的小部分地区的苜蓿褐斑病发病率最高，为 27.08% ~ 33.33%。其中，漠河县、呼玛县、黑河县、逊克县、德都县、克山县、克东县、北安县、绥棱县、拜泉县、望奎县、庆安县等研究区苜蓿褐斑病发病率最小，为 2.08% ~ 8.33%，研究区 7 月份苜蓿褐斑病发病率主要分布在 8.33% ~ 33.33%（表 5 - 4）。调查显示 7 月份褐斑病严重区域分布在中南、西南部，几乎全省都有不同程度的感染，如彩插图 5 - 14 所示。

表 5 - 4　研究区 7 月份苜蓿褐斑病发病率

Tab. 5 - 4　The incidence of alfalfa leaf spot in July in the study area

等级	阈值（%）	主要分布区
1	2.08 ~ 8.33	漠河县、呼玛县、黑河县、逊克县、德都县、克山县、克东县、北安县、绥棱县、拜泉县、望奎县、庆安县等地区
2	8.33 ~ 14.58	肇源县、林甸县、宾县、尚志市、友好区、翠峦区、西林区、上甘岭区等地区
3	14.58 ~ 20.83	上甘岭区、翠兰区、西林区、美溪区、五常市、阿城市、平房区、肇源县、逊克县等地区
4	20.83 ~ 27.08	龙江县、林甸县、大同区、肇源县、平房区、阿城市、双城市、五常市、美溪区、铁力市、南岔区、带岭区、依兰县、方正县、滴道区、梨树区、绥芬河市、东宁县等地区
5	27.08 ~ 33.33	昂昂溪区、泰来县、海林市、宁安市、牡丹江市等地区

3. 研究区苜蓿褐斑病病情指数

黑龙江省研究区6月份苜蓿褐斑病病情指数为0～8.88%，从整体呈现出中部地区高于东南部和西北部地区、从中部地区向东南部和西北部地区逐级递减的格局，如彩插图5-15所示。西北部和东南部的少部分研究区以及中西部的部分地区，苜蓿褐斑病病情指数最低，为0～1.38%，中部偏东南部的小部分研究区的苜蓿褐斑病病情指数最高，为7.01%～8.88%（表5-5）。其中，漠河县、塔河县、呼玛县、嫩江县、甘南县、龙江县、昂昂溪区、泰来县、绥化市、庆安县、拜泉县、克山县、克东县、明水县、林甸县、绥棱县、望奎县、平房区、肇源县、大同区抚远县、饶河县、虎林市、密山市等地区等研究区苜蓿褐斑病病情指数最小，为0～1.38%，研究区6月份苜蓿褐斑病病情指数主要分布在1.38%～8.88%。研究区6月份褐斑病危害一般，病情严重的区域集中在岭东区、岭西区、桦南县等中西部地区，如彩插图5-15所示。

表5-5 研究区6月份苜蓿褐斑病病情指数

Tab. 5-5 The alfalfa leaf spot disease index in June in the study area

等级	阈值（%）	主要分布区
1	0～1.38	漠河县、塔河县、呼玛县、嫩江县、甘南县、龙江县、昂昂溪区、泰来县、绥化市、庆安县、拜泉县、克山县、克东县、明水县、林甸县、绥棱县、望奎县、平房区、肇源县、大同区抚远县、饶河县、虎林市、密山市等地区
2	1.38～3.25	孙吴县、逊克县、黑河市、德都县、北安县、庆安县、绥化县、巴彦县、双城市、大同区、五常市、东宁县、绥芬河市、宝清县、富锦市、同江市等部分地区
3	3.25～5.13	逊克县、嘉荫县、上甘岭区、翠峦区、西林区、绥滨县、友谊县、宝山县、勃利县、海林市、牡丹江市、宁安市、延寿县、五常市、尚志市、阿城市、通河县等地区
4	5.13～7.01	西林区、美溪区、兴安区、铁力市、带岭区、汤原县、桦川县、南岔区、方正县、梨树区、滴道区、依兰县、等地区
5	7.01～8.88	岭东区、岭西区、桦南县等地区

7月份研究区苜蓿褐斑病病情指数为0.92%～38.66%，整体呈现中西部高于东南部和西北部、中西部高于中东部的分布格局，如彩插图5-16所示。西北部和中部的少部分研究区以及东南部的部分地区，苜蓿褐斑病病情指数最低，为0.92%～8.47%，中西部的小部分研究区的苜蓿褐斑病病情指数最高，为31.11%～38.66%（表5-6）。其中，萝北县、南岔区、汤原

县、桦川县、依兰县、方正县、岭东区、绥滨县、同江市、富锦县、友谊县、岭西区、桦南县、勃利县、宝山县、宝清县、滴道区、梨树区、东宁县、绥芬河市、鸡东县、密山县、虎林市、饶河县、抚远县等研究区苜蓿褐斑病病情指数最小，为 0.92% ~ 8.47%，研究区 7 月份苜蓿褐斑病病情指数主要分布在 0.92% ~ 31.11%。7 月份褐斑病集中在昂昂溪区、泰来县、林甸县、大同区等地区，局部地区病情严重，本省整体病害为害较轻，可以在防治方向上根据调查数据比较 6 月和 7 月份的病情指数，指明防治褐斑病的方向。

表 5 - 6　研究区 7 月份苜蓿褐斑病病情指数

Tab. 5 - 6　The alfalfa leaf spot disease index in July in the study area

等级	阈值（%）	主要分布区
1	0.92 ~ 8.47	萝北县、南岔区、汤原县、桦川县、依兰县、方正县、岭东区、绥滨县、同江市、富锦县、友谊县、岭西区、桦南县、勃利县、宝山县、宝清县、滴道区、梨树区、东宁县、绥芬河市、鸡东县、密山县、虎林市、饶河县、抚远县等地区
2	8.47 ~ 16.02	呼玛县、黑河县、孙吴县、嫩江县、德都县、莫力达瓦达斡尔自治旗、克东县、克山县、甘南县、北安市、拜泉县、上甘岭区、翠峦区、兴安区、美溪区、南岔区、庆安县、绥化市、巴彦县、通河县、宾县、方正县、延寿县、尚志县、牡丹江市等地区
3	16.02 ~ 23.56	漠河县、塔河县、讷河市、龙江县、昂昂溪区、平房区、双城市、五常市、海林市、宁安县、铁岭市、逊克县等地区
4	23.56 ~ 31.11	明水县、大同区等地区
5	31.11 ~ 38.66	昂昂溪区、泰来县、林甸县、大同区等地区

4. 苜蓿褐斑病的防治

总结 6 月和 7 月的发病情况和病情指数，可以看出苜蓿褐斑病几乎在全省都有不同程度的分布，但病情严重的地区较集中，局部地区危害严重，整体分布通过图表可清晰体现，由此可见，病害防治还是有规律可循的。从彩插图 5 - 13 可以看出，苜蓿 6 月份发病率在西南部地区较为严重，为 6.67% 以上，从彩插图 5 - 14 可以看出，7 月份显著上升为 27.08%，而北部地区也从 6 月份最高 3.33% 上升到 8.33%，因此 7 月份发病率比六月份有显著提升，我们需要在 6 月份采取大规模喷洒农药的措施，药剂防治发病初期可用 75% 百菌清可湿性粉剂 600 倍液，或用 77% 可杀得可湿性粉剂 500 ~ 800 倍液，或用 12% 绿乳铜乳油 500 倍液，或用 50% 的多菌灵可湿性粉剂 800 ~ 1 000 倍液，或用 65% 福美锌可湿性粉剂

600 倍液，隔 7～10d 防治 1 次，连续防治 2～3 次，可有效地防治苜蓿褐斑病的发生。从农药喷洒用量上来看，西南 > 东南和中部地区 > 东部地区 > 北部地区，而从病情指数上看，6 月以依兰县为中心地带呈发散状向外病害越重程度有所降低，而 7 月份西南地区为最严重地区，病情指数达到 31.11～38.66，北部地区较为严重，达到了 16.02～23.56，中部为 8.47～16.02，东部地区病情指数最低，仅为 0.92～8.47，因此分别要在 6 月份对西南为中心地带和 7 月份以西南地区 > 北部地区 > 中部地区 > 东部地区分别进行重点综合防治，如使用药剂上应用速克灵、甲基托布津、多菌灵、百菌清、粉锈灵 5 种药剂均有较高防效，选用抗病品种，减少了病菌成功侵染的机会。同时，合理施肥，增强植物抗病性，补偿因病害引致的损失或提高土壤中有益微生物的活动。播种之前焚烧早期苜蓿残茬也能减少生长季中的初侵染源，即病原物的数量。通过上述这些方法分别对苜蓿褐斑病 6 月和 7 月的苜蓿褐斑病进行预防与防治。

（四）研究区苜蓿霜霉病

1. 苜蓿霜霉病概况

苜蓿霜霉病病原是苜蓿霜霉病菌，苜蓿霜霉病是冷凉潮湿地区的病害，此类条件易于造成病害流行。温度 18℃ 左右、相对湿度大于 97% 的条件最有利于苜蓿霜霉叶孢子的生长。霜叶菌的孢子借助于风和雨水的飞溅而传播到健株上，并在植株表面的液态水中萌发，以芽管从气孔侵入或产生吸器直接侵入植物体内。病菌丝体在根茎内渡过逆境，也可以卵孢子越冬，成为第二年的初侵染源。霜霉病广泛发生于温带地区，在热带、亚热带的高海拔地区也有发生。中国黑龙江、吉林、辽宁、内蒙古自治区、河北、甘肃、青海、新疆维吾尔自治区、江苏、浙江、四川等省区均有发生。

2. 研究区苜蓿霜霉病发病率

由彩插图 5－17 可见，研究区 6 月份苜蓿霜霉病发病率为 0～1.41%，整体上呈现西部小部分区域高于其他地区，黑龙江省大部分地区苜蓿霜霉病发病率在 0～0.84%；西部小部分地区苜蓿发病率为 0.84%～1.41%。其中，漠河县、塔河县、呼玛县、嫩江县、甘南县、龙江县、明水县、拜泉县、克山县、克东县、泰来县、绥棱县、望奎县、肇源县等研究区苜蓿霜霉病发病率最小，为 0～0.14%；苜蓿霜霉病发病率主要分布在 0.84%～0.14%。

3. 研究区苜蓿霜霉病病情指数

研究区 6 月份苜蓿霜霉病病情指数为 0～0.69%，整体呈现西南部和西北部高于中部，从西南部和西北部向中部逐级递减的格局（彩插图 5－18）。

整个中部大部分地区苜蓿霜霉病病情指数最低 0～0.14%，西北部以及中部偏西南部的小部分研究区的苜蓿霜霉病病情指数最高 0.55%～0.69%。其中，漠河县、塔河县、呼玛县、嫩江县、甘南县、龙江县、明水县、拜泉县、克山县、克东县、泰来县、绥棱县、望奎县、肇源县等研究区苜蓿霜霉病病情指数最小，为 0～0.14%。研究区 6 月份苜蓿霜霉病病情指数主要分布在 0.14%～0.55%。

研究区 7 月份苜蓿霜霉病调查仅在西部地区有零星发生，不具有代表性，而且对苜蓿生产几乎不造成什么为害，因此可以忽略不计。

（五）研究区苜蓿小光壳病

1. 苜蓿小光壳叶斑病概况

苜蓿小光壳叶斑病的病原菌为苜蓿格孢球壳，它主要为害幼嫩的叶片，偶尔也侵染叶柄和老叶，叶部的症状会随着环境和叶片生理状况的变化而变化。病斑最初很小，颜色为黑色，保持"胡椒斑"状，或者扩大成直径 1～3mm 的"眼斑"。后期病斑的中央呈现出淡褐色至黄褐色，有暗褐色的边缘，并常常伴有一个褪色的绿区环绕。当环境条件有利于其侵染健康植株时，随着植株迅速生长，病害也会同时发展，病斑进一步扩大，最终汇合成一片黄化的叶区。到此阶段时，叶片常常会枯死，并且在短期内依然附挂在枝条上不脱落，直到被风吹落或是刈割时碰落，如果在早春感染会导致植株矮化。其病害分布的范围较广，全世界范围内美洲、欧洲、亚洲和非洲均有报道。潮湿的国家和地区均是遭受病害区域之一，其危害性常常超过褐斑病。该病害在我国最早发现于吉林公主岭地区，以后在黑龙江、内蒙古、山西、甘肃及云南等省区也有发现。根据侯天爵的研究文章，我国苜蓿病害发生现状及防治对策中所描述可知小光壳叶斑病在黑龙江为常见发生病，且病情严重。近几年在黑龙江省的发病率也逐渐升高，影响也越来越大，危害性也慢慢显现出来，不容小觑。而 6、7 月份为苜蓿生长季节，亦是病害高发期，因此，有必要对黑龙江不同区域 6、7 月份苜蓿小光壳病进行病害率和病情指数进行调查统计，并提出相关防治措施。

2. 研究区苜蓿小光壳叶斑病病情指数

黑龙江省 6 月份研究区苜蓿小光壳叶斑病病情指数为 4.26%～12.18%，从整体上呈现出从东南部地区向西北部地区病情指数逐级增加的分布格局（彩插图 5-19）。中东部的少部分研究区以及中西部的部分地区，苜蓿小光壳叶斑病病情指数最低为 4.26%～5.84%，南部和中北部的小部分研究区的苜蓿小光壳病病情指数最高为 10.60%～12.18%（表5-7）。其中，萝北县等地区的部分研究区苜蓿病情指数最小，为 4.26% ~5.84%。研究区 6 月份苜蓿病情指数主要分布在 5.84% ~10.60%（彩插图 5 - 11）。

表 5 - 7　研究区 6 月份苜蓿小光壳病病情指数

Tab. 5 - 7　The alfalfa light shell disease index in June in the study area

等级	阈值（%）	主要分布区
1	4.26 ~5.84	萝北县等地区
2	5.84 ~7.43	昂昂溪区、肇源县、南岔区、桦川县、依兰县、方正县、岭东区、绥滨县、同江市、富锦县、友谊县、岭西区、桦南县、勃利县、宝山县、宝清县、滴道区、梨树区、东宁县、绥芬河市、鸡东县、密山县、虎林市、饶河县、抚远县等部分地区
3	7.43 ~9.01	克山县、林甸县、明水县、北安市、拜泉县、上甘岭区、翠峦区、庆安县、绥化市、望奎县、平房区、阿城市、双城市、五常市、滴道区、梨树区、依兰县、带岭区等地区
4	9.01 ~10.60	漠河县、塔河县、呼玛县、嫩江县、讷河市、甘南县、龙江县、孙吴县、德都县、北安县、克东县、明水县、铁力县、通河县、宾县、延寿县、尚志市、牡丹江市、宁安县等地区
5	10.60 ~12.18	黑河市、孙吴县、嫩江县、莫力达瓦达斡尔自治旗岭东区、德都县、克东县、巴彦县、方正县、海林市等地区

7 月份研究区苜蓿小光壳叶斑病病情指数为 12.37% ~23.17%，从整体上呈现出从西北部地区向东南部地区逐级递增的分布格局（彩插图 5 - 20）。西北部的小部分研究区和中西部的部分研究区的苜蓿小光壳叶斑病病情指数最低，为 12.37% ~14.52%，东南部的大部分研究区以及中西部的部分地区的苜蓿小光壳叶斑病病情指数最高，为 20.97% ~23.17%（表 5 - 8）。其中，漠河县部分研究区、嫩江县、莫力达瓦达斡尔自治旗、甘南县、龙江县、肇源县、平房县、阿城市、双城市、五常市等地区的研究区苜蓿小光壳叶斑病病情指数最小，为 12.37% ~14.52%。研究区 7 月份苜蓿小光壳病病情指数主要分布在 14.52% ~20.97%，比 6 月份的病情指数有较大的涨幅，病情加重范围也大幅度增长，对全省的苜蓿栽培有很大影响，防治工作应针对小光壳叶斑病加强监管力度做好充足的准备。

表 5 - 8　研究区 7 月份苜蓿小光壳病病情指数

Tab. 5 - 8　The alfalfa light shell disease index in July in the study area

等级	阈值（%）	主要分布区
1	12.37 ~14.52	漠河县部分研究区、嫩江县、莫力达瓦达斡尔自治旗、甘南县、龙江县、肇源县、平房县、阿城市、双城市、五常市等地区

（续表）

等级	阈值（%）	主要分布区
2	14.52~16.67	漠河县、塔河县、呼玛县、黑河县、讷河市、嫩江县、甘南县、昂昂溪区、林甸县等地区
3	16.67~18.82	漠河县部分研究区、龙江县、德都县、孙吴县、逊克县、克东县、北安市、拜泉县、明水县、林甸县、望奎县、绥化市、庆安县、铁力县、美溪区、西林区、翠峦区、友好区、依兰县、方正县、延寿县、滴道区、梨树区、宁安县、绥芬河市、东宁县等地区
4	18.82~20.97	昂昂溪区、望奎县、绥棱县、友好区、拜泉县、汤原县、南岔区、上甘岭去、嘉荫县、兴安区等地区
5	20.97~23.17	泰来县、萝北县、同江市、桦川县、依兰县、方正县、岭东区、绥滨县、富锦县、友谊县、岭西区、桦南县、勃利县、宝山县、宝清县、鸡东县、密山县、虎林市、饶河县、抚远县等地区

3. 研究区苜蓿小光壳叶斑病发病率

黑龙江省 6 月份研究区苜蓿小光壳叶斑病病发病率为 17.77% ~ 80.41%，整体呈现出从东南部地区向西北部地区发病率逐级增加的分布格局（彩插图 5 – 21）。中东部部分研究区的苜蓿小光壳叶斑病病发病率最低，为 17.77% ~ 30.30%，西北部的小部分以及中西部的部分研究区的苜蓿小光壳叶斑病发病率最高，为 67.88% ~ 80.41%（表 5 – 9）。其中，以嘉荫县、萝北县、桦川县、抚远县、绥滨县、富锦县、友谊县、虎林市、饶河县等研究区苜蓿病害率最小，为 17.77% ~ 30.30%，研究区 6 月份苜蓿病害率主要分布在 30.30% ~ 67.88%。本月发病率较高，发病范围几乎囊括了全省 100% 区域。

表 5 – 9　研究区 6 月份苜蓿小光壳病发病率

Tab. 5 – 9　The alfalfa disease incidence light shell in June in the study area

等级	阈值（%）	主要分布区
1	17.77~30.30	嘉荫县、萝北县、桦川县、抚远县、绥滨县、富锦县、友谊县、虎林市、饶河县等地区
2	30.30~42.82	上甘岭区、翠峦区、西林区、美溪区、南岔区、桦川县、汤圆县、岭西区、岭东区、宝山县、桦南县、勃利县、密山县鸡东县、梨树区等部分地区
3	42.82~55.35	逊克县、德都县、北安县、友好区、克山县、拜泉县、明水县、林甸县、绥棱县、庆安县、绥化市、铁力市、依兰县、带岭区、巴彦县、宾县、五常市、依兰县、岭西区、通河县、方正县、延寿县、滴道区、梨树区、尚志市、海林市、牡丹江市、宁安市、绥芬河市、肇源县、大同区、双城市、阿城市、绥芬河县、东宁县等地区

（续表）

等级	阈值（%）	主要分布区
4	55.35~67.88	漠河县、塔河县、呼玛县、孙吴县、嫩江县、讷河市、莫力达瓦达斡尔自治旗、德都县、明水县、林甸县、泰来县、巴彦县、宾县、方正县、延寿县、海林市、宁安县等地区
5	67.88~80.41	甘南县、龙江县、昂昂溪区等地区

　　7月份研究区苜蓿小光壳叶斑病发病率为51.39%~96.53%，整体呈现从中西部向中东部发病率逐级递增的格局（彩插图5-22）。中西部部分研究区的苜蓿小光壳叶斑病发病率最低，为51.39%~60.42%，中东部大部分研究区以及中部部分地区的苜蓿小光壳叶斑病发病率最高，为87.50%~96.53%（表5-10）。其中，龙江县的部分研究区、昂昂溪区、泰来县等研究区苜蓿小光壳叶斑病发病率最低，为51.39%~60.42%；研究区7月份苜蓿小光壳叶斑病病发病率主要分布在60.42%~96.53%。在6月基础上本月的发病率呈现暴发性的蔓延趋势，在本省定位为危害严重的病害，应加强控制，加强对小光壳叶斑病的重视程度。

表5-10　研究区7月苜蓿小光壳病发病率
Tab. 5-10　The alfalfa disease incidence light shell in July in the study area

等级	阈值（%）	主要分布区
1	51.39~60.42	龙江县部分研究区、昂昂溪区、泰来县等地区
2	60.42~69.44	甘南县、龙江县、昂昂溪区、泰来县等地区
3	69.44~78.47	甘南县、龙江县、莫力达瓦达斡尔自治旗、昂昂溪区、明水县、林甸县、大同区、漠河县部分地区等地区
4	78.47~87.50	漠河县、塔河县、嫩江县、讷河市、莫力达瓦达斡尔自治旗、德都县、克山县、克东县、北安市、拜泉县、大同区、肇源县、上甘岭区、翠峦区、西林区、美溪区、铁力市、南岔区、带岭区、汤圆县、依兰县、梨树区、滴道区、海林市、宁安县、牡丹江市、绥芬河市、东宁县等地区
5	87.50~96.53	漠河县、呼玛县、黑河市、嫩江县、逊克县、孙吴县、德都县、北安市、拜泉县、绥棱县、庆安县、绥化市、平房区、双城市、阿城市、五常市、嘉荫县、萝北县、同江市、抚远县、饶河县、虎林市、密山市、富锦市、绥滨县、带岭区、南岔区、桦川县、桦南县、汤原县、东岭区、宝山县、勃利县、鸡东县、巴彦县、宾县、五常市、依兰县、岭西区、通河县、方正县、延寿县、尚志市、海林市、牡丹江市、绥芬河市等地区

4. 防治

结合小光壳叶斑病的发病率和病情指数，得出其危害性高于褐斑病，分布范围遍布整个黑龙江，病情也较严重。由于国内外对此病研究较少，对其防治措施的研究也较少，导致危害严重，需要在预防上提高警惕，加强重视程度，加大管控力度。通过彩插图 5-19 可知，苜蓿小光壳叶斑病 6 月病情指数在东部和东北部地区较低，为 4.26~5.84，在西南地区和中部地区为 7.43~9.01，在南部和北部地区较低，为 5.84~7.43，仅有萝北县周围和嘉荫县以南地区病情指数最低，为 4.26~5.84。北部夹杂地区和东南部夹杂地区，病情指数最高，达到 10.60~12.18，而 7 月份病情指数较六月份病害严重程度提高，东部地区和西南少部分地区有显著提升，为 20.97~23.17，中部以及中东部地区为 16.67~18.82，北部地区和南部地区为 12.37~16.67，东北部地区为 18.82~20.97，所以 6 月份病情指数东北部＜南部和北部地区＜西南部和中部地区＜北部夹杂地区和东南部夹杂地区，7 月病情指数东部地区和西南少部分地区＞东北部地区＞中部以及中东部＞北部和南部地区。因此，要对这两个月小光壳叶斑病进行有效防治，但苜蓿小光壳叶斑病病害在我国研究较少。根据相关经验，我们提出了以下可利用措施。

（1）利用抗病品种是苜蓿病害防治最经济有效的措施。

（2）合理的栽培管理措施是控制病害流行、减少损失的有效途径之一。国内采用栽培管理措施防治苜蓿病害的试验报告尚不多见。据国外经验及国内初步研究，措施有：①宽行条播、降低田间湿度，从而延缓和减轻一些病害的发生。②增施磷、钾肥料，可增强植株对许多病害的抗病性。③适时早割，减少病原在田间的积累和重复侵染的机会，从而达到控制病害严重发生的目的。④与其他牧草混播是减少病害造成损失的好办法，尤其与不感染苜蓿重要病害的牧草混播，可能弥补苜蓿病害所造成的产量损失。⑤田间卫生措施在防治牧草病害方面更具重要意义。

（3）种子田采用化学防治有时是必要的。在草地病害防治中，大面积使用农药是不经济的，尤其是割草用地，故不宜提倡。但化学防治毕竟是一种快速控制病害的有效措施，为了保护苜蓿种子生产，使用多菌灵或杀菌剂防治病害、减少种子损失、保证种子质量还是必要的，因此要对不同发病区的使用剂量进行控制，建议 6 月黑龙江北部夹杂地区和东南部夹杂地区＞西南部和中部地区＞南部和北部地区＞东北部，7 月西南少部分地区＞东北部地区＞中部以及中东部＞北部和南部地区用药量，防止病情加重而导致植株的大量死亡。

（4）加强对牧草病害的检疫。植物检疫作为病害防治的一项法规措施，在牧草病害防治中同样占有重要位置。有些国家将苜蓿的细菌性萎蔫病、轮枝菌黄萎病、茎线虫病等列为检疫对象施行检疫。我国植物病害检疫对象名单中，尚无牧草上的检疫对象，致使难以实施对牧草种子等的病害检疫。

（六）研究区苜蓿锈病

苜蓿锈病是世界上苜蓿种植区普遍发生的病害，它是由苜蓿条纹单孢锈菌（Uormycesstriatus）引起，该菌在生长周期内主要产生夏孢子和冬孢子。夏孢子属于单细胞，球形至宽椭圆形，淡黄褐色，壁上有均匀的小刺，2~5个芽孔，位于赤道附近，大小（17~27）μm×（16~23）μm，壁厚1~2μm。夏孢子主要寄生在紫花苜蓿、黄花苜蓿及天蓝苜蓿等苜蓿属植物叶片上，而且还可以寄生在扁蓿豆、白三叶、野火球等植物叶片上。冬孢子也属于单胞，宽椭圆形、卵形或近球形，淡褐色至褐色，壁厚1.5~2μm，外表有长短不一纵向隆起的条纹，芽孔顶生，外有透明的乳突，柄短，无色，多脱落，大小（17~29）μm×（13~24）μm。据报道，它主要寄主在大戟属植株上，欧洲主要为乳浆大戟，而北美则为柏大戟，在我国一般认为还是存在乳浆大戟上。候天爵等人的研究认为，冬孢子具有"假休眠期"，即遇到寄主植物汁液（或是分泌物）以及水分和温度适宜的环境条件下，就能够萌发，否则不能萌发。当苜蓿感染锈病以后，其光合作用下降，呼吸会迅速上升，并且由于孢子堆的破裂而破坏了植物的表皮，使水分蒸腾速度显著上升，气候干热时容易导致萎蔫，叶片皱缩，提前干枯脱落。病害严重时干草减产60%，种子减产量50%，瘪籽率高达50%~70%。病株的可溶性糖类含量下降，总氮量减少30%。相关报道显示，感染锈病的苜蓿植株中含有毒素，会影响其适口性，容易使家畜采食中毒。此时是苜蓿的生长季节，夏孢子可以进行多次的再侵染。夏孢子发芽和侵入的最适温度为15~25℃，能耐受的最低温度为2℃，超过30℃时虽然能够正常萌发，但会出现芽管畸形的现象，到了35℃时夏孢子停止发芽。夏孢子发芽时要求相对湿度不低于98%，以水膜内的发芽率为最高。候天爵、白儒、周淑清、刘一凌、李宗海（中国农业科学院草原研究所）调查资料表明，苜蓿锈病（*Uormycesstriatus*）虽然分布很广，但它的发生与为害仍有一定地理局限性，以纬度30~45℃为主要发生与为害区。在此地理区域内，又以海拔高度不超过2 000m，年平均气温达6℃左右以上，年降水量一般不低于350mm，为苜蓿锈病可能严重发生的必要条件。国外以南非、苏丹、埃及、以色列和前苏联南部（土库曼）等国家和地区的苜蓿受害严重。而在我国北方的黑龙江、吉林、辽宁、内蒙古自治区、河北、山西、陕西、宁夏回族自治区、甘肃、新疆维吾尔自治区、河南、山东等省区均有发生。我国北方苜蓿锈病肆虐的原因还有转主寄主乳浆大戟，它可以为苜蓿锈病的发生提供当地菌源，有助于苜蓿锈病的传播，据有关植物志记载，东北各省、河北、山西、内蒙古自治区、陕西、甘肃、宁夏回族自治区等省区均有乳浆大戟分布。正好与北方许多苜蓿锈病严重发生的地区相吻合。

苜蓿锈病发病条件有四个：一是灌溉频繁或降水多，有雾或结露的天气，植株表面产生液态水膜，气温在 16～26℃ 时，最适合此病流行。二是种植密度过大或牧草倒伏有利于此病发生。三是偏施氮肥，植株旺长，寄主的抗病性降低，易造成病害流行。四是刈割过迟，田间菌源数量大，下茬发病严重。

在黑龙江地区 6 月和 7 月为苜蓿的主要生长季节，因此要对 6 月和 7 月的苜蓿生长发病率以及病情指数进行有效调查与研究，苜蓿锈病在黑龙江省为害适中，展开积极有效的防治可以控制病害的发展，如彩插图 5-23 至彩插图 5-26 所示。

1. 研究区苜蓿锈病发病率

黑龙江省研究区 6 月份苜蓿锈病发病率为 0～24.80%，从整体呈现出从研究区由外向内苜蓿锈病发病率逐级增加的分布格局，如彩插图 5-23 所示。中西部的大部分和西北部大部分以及东南部的部分研究区，苜蓿锈病发病率最低，为 0～2.58%，中部偏东南部的研究区的苜蓿锈病发病率最高，为 19.25%～24.80%（表 5-11）。其中，漠河县、塔河县、呼玛县、嫩江县、甘南县、龙江县、德都县、克山县、克东县、北安市、拜泉县、明水县、昂昂溪区、泰来县、林甸县、绥棱县、庆安县、望奎县、绥化市、平房区、大同区、肇源县、阿城市、双城市、五常市、尚志市、海林市、牡丹江市、宁安市、东宁县、绥芬河市、鸡东县、密山市、虎林市、宝山区、宝清县、饶河县、抚远县等地区的研究区苜蓿锈病发病率最小，为 0～2.58%。研究区 6 月份苜蓿锈病发病率主要分布在 0～19.25%。

表 5 – 11　研究区 6 月份苜蓿锈病发病率

Tab. 5 – 11　The alfalfa disease incidence rust disease in July in the study

等级	阈值（%）	主要分布区
1	0 ~ 2.58	漠河县、塔河县、呼玛县、嫩江县、甘南县、龙江县、德都县、克山县、克东县、北安市、拜泉县、明水县、昂昂溪区、泰来县、林甸县、绥棱县、庆安县、望奎县、绥化市、平房区、大同区、肇源县、阿城市、双城市、五常市、尚志市、海林市、牡丹江市、宁安市、东宁县、绥芬河市、鸡东县、密山市、虎林市、宝山区、宝清县、饶河县、抚远县等地区
2	2.58 ~ 8.13	逊克县、嘉荫县、翠峦区、西林区、美溪区、铁力市、带岭区、方正县、延寿县、滴道区、梨树区、勃利县、友谊县、富锦县、绥滨县、同江市等部分地区
3	8.13 ~ 13.69	上甘岭区、兴安区、翠峦区、西林区、美溪区、汤原县、依兰县、岭西区、桦南县、友谊县、萝北县、绥滨县等地区
4	13.69 ~ 19.25	桦川县、南岔区、汤原县、岭西区、桦南县、宝山县、友谊县等地区
5	19.25 ~ 24.80	岭东区等地区

　　研究区 7 月份苜蓿锈病发病率为 0 ~ 29.86%，从整体上呈现出西北部地区高于东南部地区，中西部地区高于中东部地区的分布格局（彩插图 5 – 24）。东南部地区以及中部的大部分研究区的苜蓿锈病发病率最低，为 0 ~ 5.97%，中西部的小部分研究区苜蓿锈病发病率最高，为 23.89% ~ 29.86%（表 5 – 12）。其中，漠河县的部分研究区、呼玛县、黑河市、逊克县、嘉荫县、萝北县、同江市、抚远县、绥化市、望奎县、巴彦县、通河县、宾县、方正县、尚志市、延寿县、铁力市、汤原县、海林市、牡丹江市、宁安市、东宁县、绥芬河市、鸡东县、密山市、虎林市、宝山区、宝清县、勃利县、饶河县、桦川县、绥滨县、富锦县、友谊县、虎林市、饶河县等地区的研究区苜蓿锈病发病率最小，为 0 ~ 5.97%。研究区 7 月苜蓿锈病发病率主要分布在 0 ~ 23.89%。通过比较 6 月和 7 月的发病率，可以了解到苜蓿锈病的发生在黑龙江并不普遍，只在局部小范围内进行传染，6 月和 7 月的传染中心也发生了转移，具体原因不明，但至少说明苜蓿锈病的传染有其限制因素，可能是地理纬度原因或者是传染寄主。

表 5 – 12 研究区 7 月份苜蓿锈病发病率

Tab. 5 – 12 The alfalfa disease incidence rust disease in July in the study area

等级	阈值（%）	主要分布区
1	0 ~ 5.97	漠河县的部分研究区、呼玛县、黑河市、逊克县、嘉荫县、萝北县、同江市、抚远县、绥化市、望奎县、巴彦县、通河县、宾县、方正县、尚志市、延寿县、铁力市、汤原县、海林市、牡丹江市、宁安市、东宁县、绥芬河市、鸡东县、密山市、虎林市、宝山区、宝清县、勃利县、饶河县、桦川县、绥滨县、富锦县、友谊县、虎林市、饶河县等地区
2	5.97 ~ 11.94	塔河县、嫩江县、讷河市、德都县、克东县、克山县、北安市、拜泉县、明水县、泰来县、平房区、双城市、五常市等地区
3	11.94 ~ 17.92	漠河县部分研究区、明水县、林甸县、大同区、肇源县等地区
4	17.92 ~ 23.89	讷河市、莫力达瓦达斡尔自治旗、甘南县、泰来县等地区
5	23.89 ~ 29.86	龙江县、甘南县、昂昂溪区、泰来县、莫力达瓦达斡尔自治旗等地区

2. 研究区苜蓿锈病病情指数

研究区 6 月份苜蓿锈病病情指数为 0 ~ 0.88%，从整体上呈现从研究区外向内苜蓿锈病病情指数逐级增加的格局（彩插图 5 – 25）。中西部的大部分和西北部大部分以及东南部的部分研究区苜蓿锈病病情指数最低，为 0 ~ 0.88%，中部偏东南部研究区的苜蓿锈病病情指数最高，为 6.58% ~ 8.48%（表 5 – 13）。其中，漠河县部分研究区、嫩江县、莫力达瓦达斡尔自治旗、甘南县、龙江县、肇源县、平房区、阿城市、双城市、五常市等地区的研究区苜蓿锈病病情指数最小，为 0 ~ 0.88%。

表 5 – 13 研究区 6 月份苜蓿锈病病情指数

Tab. 5 – 13 The alfalfa disease incidence rust disease in June in the study area

等级	阈值（%）	主要分布区
1	0 ~ 0.88	漠河县、塔河县、呼玛县、嫩江县、甘南县、龙江县、德都县、克山县、克东县、北安市、拜泉县、明水县、昂昂溪区、泰来县、林甸县、绥棱县、庆安县、望奎县、绥化市、平房区、大同区、肇源县、阿城市、双城市、五常市、尚志市、海林市、牡丹江市、宁安市、东宁县、绥芬河市、鸡东县、密山市、虎林市、宝山区、宝清县、饶河县、抚远县等地区
2	0.88 ~ 2.78	逊克县、嘉荫县、翠峦区、西林区、美溪区、铁力市、带岭区、方正县、延寿县、滴道区、梨树区、勃利县、友谊县、富锦县、绥滨县、同江市等部分地区

（续表）

等级	阈值（%）	主要分布区
3	2.78～4.68	上甘岭区、兴安区、翠峦区、西林区、美溪区、汤原县、依兰县、岭西区、桦南县、友谊县、萝北县、绥滨县等地区
4	4.68～6.58	桦川县、南岔区、汤原县、岭西区、桦南县、宝山县、友谊县等地区
5	6.58～8.48	岭东区等地区

　　研究区 7 月份苜蓿锈病病情指数主要分布在 0～6.58%（彩插图 5 -
26）。东南部的大部分研究区的苜蓿锈病病情指数最低，为 0～2.07%，中
西部的小部分研究区苜蓿锈病病情指数最高，为 8.29%～10.37%（表 5 -
14）。其中，望奎县、巴彦县、通河县、宾县、方正县、尚志市、延寿县、
海林市、牡丹江市、宁安市、东宁县、绥芬河市、鸡东县、密山市、宝山
区、宝清县、萝北县、桦川县、抚远县、绥滨县、富锦县、友谊县、虎林
市、饶河县等地区的研究区苜蓿锈病病情指数最小，为 0～2.07%。研究区
7 月份苜蓿锈病病情指数主要分布在 0～8.29%。通过两个月的调查数据可
知，锈病的发生比较集中，6 月集中在岭东区等周边地区，7 月集中在龙江
县、甘南县、昂昂溪区、泰来县、莫力达瓦达斡尔自治旗等地区。

表 5 – 14　研究区 7 月份苜蓿锈病病情指数

Tab. 5 – 14　The alfalfa disease incidence rust disease in July in the study area

等级	阈值（%）	主要分布区
1	0～2.07	望奎县、巴彦县、通河县、宾县、方正县、尚志市、延寿县、海林市、牡丹江市、宁安市、东宁县、绥芬河市、鸡东县、密山市、宝山区、宝清县、萝北县、桦川县、抚远县、绥滨县、富锦县、友谊县、虎林市、饶河县等地区
2	2.07～4.15	漠河县、呼玛县、黑河市、嫩江县、逊克县、孙吴县、克东县、克山县、明水县、林甸县、北安市、拜泉县、绥棱县、庆安县、绥化县、嘉荫县、带岭区、南岔区、上甘岭区、翠峦区、西林区、美溪区、铁力市等地区
3	4.15～6.22	塔河县、嫩江县、讷河市、大同区、肇源县、平房区、双城市、五常市等地区
4	6.22～8.29	讷河市、莫力达瓦达斡尔自治旗、甘南县、龙江县、泰来县等地区
5	8.29～10.37	龙江县、昂昂溪区、泰来县等地区

3. 苜蓿锈病的防治

苜蓿锈菌是严格寄生菌，选用抗病品种是防治锈病的最有效的方法之一。抗病性鉴定可通过田间表型选择和室内接种鉴定，选育抗病植株。合理施肥在病害防治中有三方面的作用：增强植物抗病性，补偿因病害导致的损失，提高土壤中有益微生物的活动。美国植病学会 1989 年出版了题为《土壤植物病原物：用常量和微量元素治理病害》的专著，系统总结了这一领域的进展与成果。据候天爵等人对呼和浩特地区的观察和研究，5 月中旬至 6 月上旬拔除感病乳浆大戟的苜蓿田比不拔除的，其苜蓿锈病的发生时期要至少推迟 20d 左右。据拔除乳浆大戟后 2 个月的调查，拔除田的病情指数比不拔除田的下降 91%，不拔除田的病情指数是拔除田的 11.3 倍。药剂防治是苜蓿锈病控制的重要措施。白儒等人在 1992—1995 年在内蒙古对苜蓿锈病进行药剂防治研究，其结果表明，食用碱 500 倍液、加酶洗衣粉 1 500 倍液、粉锈宁乳油 1 500 倍液效果比较好，但是在某些年份效果不佳。而在研究黑龙江苜蓿锈病防治在研究区 6、7 月份的发病率和病情指数时，发现 6 月和 7 月的发病中心不同，6 月集中在岭东区等周边地区，7 月集中在龙江县、甘南县、昂昂溪区、泰来县、莫力达瓦达斡尔自治旗等地区。但发病率高的地区和病情指数高的地区高度吻合，说明发病范围集中在传染源周边区域，重点加强中心区域的处理，因此根据文献研究以及黑龙江研究区的自身状况提出以下 4 种措施。

（1）推广使用抗病品种，选育抗病高产的苜蓿是最为经济有效的措施。

（2）规范草地管理，做到适期刈割。根据对苜蓿产草量及牧草营养成分的研究，调制干草的苜蓿在现蕾期至初花阶段刈割，既可获得高产又能达到优质的目标。如果延迟刈割，牧草的蛋白质含量将逐渐下降，同时也延长了植株在田间接触病原菌的时间，增加了受侵染的机会。

（3）对种子生产田应适当喷药保护，减少损失，种子生产田不能按牧草田的刈割时间刈割，故受锈病为害较重。适当喷药保护，减少种子产量损失是必要的。可以使用 20% 的粉锈宁乳油 1 500 倍液或配制相当有效成分的可湿性粉剂药液，从田间病害始见期开始，每隔 10～15d 喷药一次。也可试用 1 500 倍液的洗衣粉或 500 倍液的食用碱来代替粉锈宁农药。6 月份加大以中东部地区为中心点向外逐级递减的农药喷洒剂量，7 月份以西部向外逐级递减农药剂量，以防范 7 月份病害范围和严重程度的扩大。

（4）在苜蓿田及附近应特别注意铲除带病的大戟属植物，如东北地区存在的乳浆大戟，至少可以推迟发病高峰期的到来，切断病害的传播途径。

因此，只要在局部地区做好防范措施，在发病中心加强管理，整个黑龙江省的苜蓿锈病都有望得到控制与改善。

三、结论

（1）研究区域苜蓿病害率在 20.40% ~ 98.04%，整体上呈现出东部向西部逐级递减的格局，东北部和东南部草地地上生物量最高，为 261.40 ~ 283.98g/m²，中西部草地地上生物量最低，为 171.06 ~ 193.65g/m²。研究区 6 月份苜蓿病害率为 20.40% ~ 98.04%，整体呈现东部高于西部，北部高于南部的格局，而研究区 7 月份苜蓿病害率为 95.17% ~ 100%，整体呈现西北部高于东南部，从西北部向东南部逐级增加的格局。

（2）研究区 6 月份苜蓿褐斑病发病率为 0 ~ 16.67%，整体呈现东部高于西部，而研究区 7 月份苜蓿褐斑病发病率为 2.08% ~ 33.33%，整体呈现东南部高于西北部，中西部高于中东部的格局。

（3）研究区 6 月份苜蓿褐斑病病情指数为 0 ~ 8.88%，整体呈现中部高于东南部和西北部，从中部向东南部和西北部逐级递减，而研究区 7 月份苜蓿褐斑病病情指数为 0.92% ~ 38.66%，整体呈现中西部高于东南部和西北部，中西部高于中东部的格局。

（4）研究区 6 月份苜蓿霜霉病病情指数为 0 ~ 0.69%，整体呈现西南部和西北部高于中部，从西南部和西北部向中部逐级递减，研究区 7 月份苜蓿褐斑病病情指数为 0.92% ~ 38.66%，整体呈现东南部和西北部高于中西部，中东部高于中西部的格局。

（5）研究区 6 月份苜蓿小光壳病病情指数为 4.26% ~ 12.18%，整体呈现从东南部向西北部病情指数逐级增加，而研究区 7 月份苜蓿小光壳病病情指数为 12.37% ~ 23.17%，整体呈现从西北部向东南部逐级递增的格局。

（6）研究区 6 月份苜蓿小光壳病发病率为 17.77% ~ 80.41%，整体呈现从东南部向西北部逐级发病率逐级增加，而研究区 7 月份苜蓿小光壳病发病率为 51.39% ~ 96.53%，整体呈现从中西部向中东部发病率逐级递增的格局。

（7）研究区 6 月份苜蓿锈病病情指数为 0 ~ 0.88%，整体呈现从研究区外向内苜蓿锈病病情指数逐级增加，而研究区 7 月份苜蓿锈病病情指数为 0 ~ 10.37%，整体呈现西北部高于东南部，中西部高于中东部的格局。

（8）研究区 6 月份苜蓿锈病发病率为 0 ~ 24.80%，整体呈现从研究区外向内苜蓿锈病发病率逐级增加，研究区 7 月份苜蓿锈病发病率为 0 ~ 29.86%，整体呈现西北部高于东南部，中西部高于中东部的格局。

第六章　黑龙江省苜蓿主要病害流行特征分析

苜蓿（*Medicago sativa* L.）是全世界最主要的豆科牧草，素有"牧草之王"之美称。由于适应性强、产草量高、富含蛋白质等特点，在世界上被广泛栽培种植，除了作为家畜的饲草之外，种植苜蓿还可以改土肥田，提高后茬作物的产量和品质，同时还具有保持水土、改善生态环境的作用。苜蓿作为草食家畜的主要饲草，因营养丰富、产草量高、适应性强、生长寿命长等优良性状，无论是鲜草、干草或是青贮产品都具有品质优良、适口性良好等优点。

黑龙江省政府常务会议研究通过《黑龙江省苜蓿产业"十二五"发展规划》，将大力发展本省的苜蓿产业，把黑龙江省发展成为"苜蓿奶"生产基地。黑龙江省是奶业大省，对苜蓿的需求量大，气候条件适合发展苜蓿生产，也具有较好的经济效益，发展苜蓿产业是可行的。但种植面积的剧增和大面积连片种植为苜蓿病害的发生和流行创造了有利的生态条件。病害是苜蓿生产的主要限制因素之一，病害的为害与苜蓿生产的集约化程度密切相关。目前在紫花苜蓿生产中大面积发生且为害较重的主要病害有锈病、褐斑病和苜蓿小光壳叶斑病，例如褐斑病使苜蓿干物质产量下降40%以上，粗蛋白质含量下降16%，消化率下降14%，种子产量减少1/2，而且种子品质低劣，锈病严重时使干草减产60%，种子减产50%，瘪籽率高达50%～70%。

气象、气候条件是影响农业病虫害发生的重要因素之一。生产实践表明，农业病害的出现、繁殖与气象条件关系密切。例如，小麦白粉病适宜发生的温度为15～20℃，高于25℃时对小麦白粉病的发生有明显的抑制；棉花黄萎病的适宜温度为22～28℃，高于30℃发展缓慢，超过35℃即有隐症现象；云南烟区的烟草赤星病，若5月下旬至7月中旬降水量少，则赤星病为害重；而当7月下旬至9月上旬降水量大时，赤星病发病重。目前国内有关苜蓿病害与气候要素关系的研究较少，笔者通过对黑龙江省苜蓿病害与气象因子间的关系进行相关分析，以阐明苜蓿病害与气象因子的关系，为苜蓿生产及病害防治提供理论依据。

一、黑龙江省局部地区苜蓿发病率分析

由图 6 - 1 可知，5 月大庆地区苜蓿发病率为 15.33%，其他地方苜蓿未发病；6 月各地区均有发病，甘南、兰西、民主、佳木斯、牡丹江地区苜蓿发病率在 84.67% ~ 97.60%，地区间苜蓿发病率差异不显著（$P > 0.05$），但与大庆、青冈地区（55.60%、65.25%）差异显著（$P < 0.05$），大庆与青冈地区间差异不显著（$P > 0.05$）。7 月除青冈苜蓿发病率为 95.60% 外，其他地区均高于 97%，佳木斯最为严重达到 99.60%。

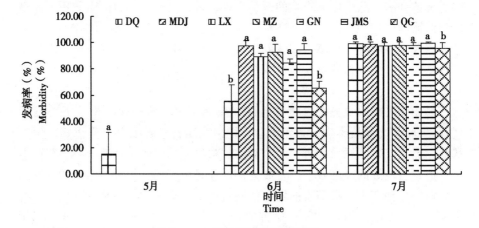

图 6 - 1　苜蓿发病率时间动态

Fig. 6 - 1　Temporal dynamics of the alfalfa morbidity

二、黑龙江省局部地区苜蓿病害程度分析

由图 6 - 2 可知，6 月大庆地区苜蓿病害程度 1 级到 6 级分别为 3.71%、4.85%、5.66%、5.97%、7.05%、10.87%，其中，6 级所占比例最大；牡丹江苜蓿病害程度 1 级到 6 级分别为 11.86%、20.15%、16.31%、9.52%、12.41%、8.84%，其中 2 级所占比例最大；兰西苜蓿病害程度 1 级到 6 级分别为 21.90%、11.97%、10.94%、3.44%、14.49%、5.16%，其中 1 级所占比例最大；民主苜蓿病害程度 1 级到 6 级分别为 5.37%、10.84%、14.31%、15.24%、12.38%、16.87%，其中 6 级所占比例最大；甘南苜蓿病害程度 1 级到 6 级分别为 15.88%、32.88%、22.23%、

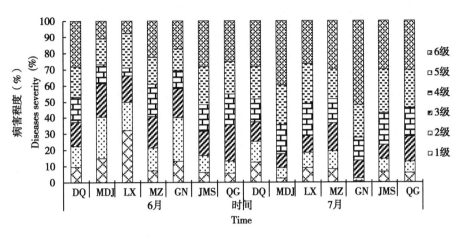

图 6 - 2　苜蓿病害程度时间动态

Fig. 6 - 2　Temporal dynamics of the alfalfa diseases severity

13. 24%、16. 56%、21. 07%，其中，2 级所占比例最大；佳木斯苜蓿病害程度 1 级到 6 级分别为 4. 24%、7. 43%、10. 14%、11. 76%、16. 39%、19. 67%，其中，6 级所占比例最大；青冈苜蓿病害程度 1 级到 6 级分别为 2. 34%、3. 10%、9. 22%、7. 88%、8. 12%、10. 45%，其中，6 级所占比例最大。苜蓿病害程度 1 级青冈、大庆、佳木斯、民主地区间差异不显著（$P > 0.05$），但与甘南、牡丹江地区间差异显著（$P < 0.05$），且与兰西差异极显著（$P < 0.01$）；苜蓿病害程度 2 级青冈、大庆、佳木斯、民主、兰西地区间差异不显著（$P > 0.05$），但与甘南、牡丹江地区间差异显著（$P < 0.05$）；苜蓿病害程度 3、4、5 级各地区间均差异不显著（$P > 0.05$）；苜蓿病害程度 6 级兰西、牡丹江地区间差异不显著（$P > 0.05$），但与青冈、大庆、民主地区间差异显著（$P < 0.05$），与佳木斯、甘南其区间差异极显著（$P < 0.01$）。

　　7 月大庆地区苜蓿病害程度 1 级到 6 级分别为 10. 89%、11. 24%、10. 55%、12. 68%、17. 47%、25. 02%；牡丹江苜蓿病害程度 1 级到 6 级分别为 2. 60%、6. 42%、8. 66%、18. 19%、24. 74%、39. 81%；兰西苜蓿病害程度 1 级到 6 级分别为 11. 00%、11. 09%、12. 91%、24. 11%、30. 04%、32. 34%；民主苜蓿病害程度 1 级到 6 级分别为 9. 49%、12. 45%、19. 40%、16. 61%、21. 31%、33. 44%；甘南苜蓿病害程度 1 级到 6 级分别为 0. 40%、0. 88%、6. 41%、8. 03%、11. 57%、29. 32%；佳木斯苜蓿病害程度 1 级到

6 级分别为 9.43%、11.05%、12.41%、27.74%、37.96%、42.35%；青冈苜蓿病害程度 1 级到 6 级分别为 6.06%、6.90%、15.68%、17.64%、23.64%、30.51%；各地区苜蓿病害程度均为 6 级最大。苜蓿病害程度 1 级甘南、牡丹江、青冈地区间差异不显著（$P > 0.05$），但与大庆、民主、佳木斯、兰西地区间差异显著（$P < 0.05$）；苜蓿病害程度 4 级、5 级大庆、民主、佳木斯、兰西、牡丹江、青冈地区间差异不显著（$P > 0.05$），但与甘南地区间差异显著（$P < 0.05$）；苜蓿病害程度 2 级、3 级、6 级各地区间差异不显著（$P > 0.05$）。

三、黑龙江省局部地区苜蓿发病率与气象因子相关分析

（一）发病率与大气温度相关分析

由图 6 - 3 可知，各地区苜蓿发病率在 5—7 月份整体呈上升的趋势。5—6 月份苜蓿发病率随温度的升高苜蓿发病率呈急剧上升趋势；6—7 月份，温度缓慢升高，苜蓿病害率上升趋势变缓。对各地区苜蓿发病率与各温度进行相关分析时，P 值均 < 0.05，说明苜蓿发病率与温度有高度的正相关性（表 6 - 1）。

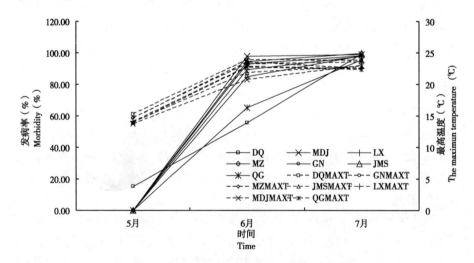

图 6 - 3　苜蓿发病率与最高温度间的关系

Fig. 6 - 3　The relationship between alfalfa morbidity and maximum temperature

大庆地区苜蓿发病率在 5—7 月份整体呈直线上升趋势，甘南、民主、佳木斯、兰西、牡丹江、青冈地区均呈先快速上升后缓慢上升的趋势。

表6-1　各地区苜蓿发病率与温度的相关性

Tab. 6-1　Correlation between the alfalfa morbidity and temperature

温度 Temperature	大庆 Daqing		甘南 Gannan		民主 Minzhu		佳木斯 Jiamusi		兰西 Lanxi		牡丹江 Mudanjiang		青冈 Qinggang	
	r	P	r	P	r	P	r	P	r	P	r	P	r	P
最高温度 Maximum	0.736	0.001	0.887	0.001	0.848	0.000	0.862	0.000	0.846	0.000	0.849	0.000	0.812	0.000
最低温度 Minimum	0.750	0.000	0.892	0.001	0.854	0.000	0.873	0.000	0.854	0.000	0.859	0.000	0.822	0.000
露点温度 Dew point	0.819	0.000	0.851	0.004	0.869	0.000	0.865	0.000	0.865	0.000	0.856	0.000	0.872	0.000
地面最高温度 Ground maximum	0.598	0.009	0.830	0.006	0.875	0.000	0.853	0.000	0.851	0.000	0.828	0.000	0.735	0.002
地面最低温度 Ground minimum	0.673	0.002	0.847	0.004	0.886	0.000	0.866	0.000	0.863	0.000	0.838	0.000	0.792	0.000
0cm温度 0 centimeter	0.636	0.005	0.836	0.005	0.880	0.000	0.857	0.000	0.856	0.000	0.830	0.000	0.757	0.001
5cm温度 5centimeter	0.730	0.001	0.894	0.001	0.902	0.000	0.903	0.000	0.894	0.000	0.879	0.000	0.839	0.000
10cm温度 10 centimeter	0.742	0.000	0.914	0.001	0.922	0.000	0.918	0.000	0.916	0.000	0.897	0.000	0.866	0.000
15cm温度 15centimeter	0.762	0.000	0.928	0.000	0.924	0.000	0.932	0.000	0.931	0.000	0.909	0.000	0.887	0.000
20cm温度 20-centimeter	0.780	0.000	0.936	0.000	0.931	0.000	0.944	0.000	0.941	0.000	0.917	0.000	0.897	0.000
40cm温度 40-centimeter	0.793	0.000	0.943	0.000	0.916	0.000	0.946	0.000	0.953	0.000	0.928	0.000	0.930	0.000

（二）发病率与降水量和湿度相关分析

由图6-4可知，5—7月份降水量总体呈先降低后上升的趋势，但大庆地区降水量先上升后降低，而苜蓿发病率呈整体上升趋势。对各地区苜蓿发病率与降水量进行相关性分析时，P值均>0.05，说明黑龙江各地区的苜蓿发病率与降水量间没有相关性（表6-2）。

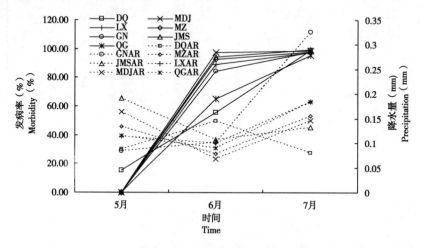

图6-4　苜蓿发病率与降水量的关系

Fig. 6-4　The relationship of alfalfa morbidity with the precipitation

由图6-5和图6-6可知，5—7月份湿度呈先降低后上升的趋势且变

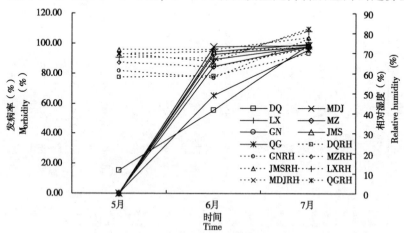

图6-5　苜蓿发病率与相对湿度的关系

Fig. 6-5　The relationship of alfalfa morbidity with the relative humidity

化缓慢，苜蓿发病率呈整体上升趋势。对各地区苜蓿发病率与降水量进行相关性分析时，大庆地区苜蓿发病率与湿度有相关性（$P < 0.05$）；甘南、民主、佳木斯、兰西、牡丹江、青冈地区苜蓿发病率与湿度没有相关性（$P > 0.05$）（表6－2）。

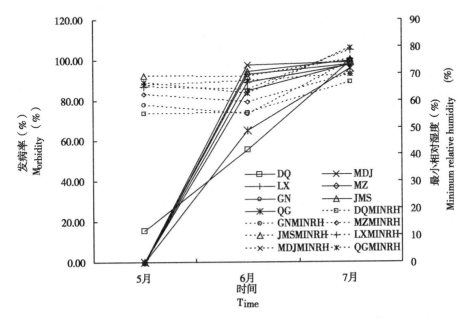

图6－6　苜蓿发病率与最小相对湿度的关系

Fig. 6－6　The relationship of alfalfa morbidity with the relative minimum humidity

（三）发病率与风速的相关分析

由表6－3可知，对各地区苜蓿发病率与风速进行相关性分析时，大庆、甘南、民主、兰西、牡丹江、青冈地区 P 值均 > 0.05，说明大庆、甘南、民主、兰西、牡丹江、青冈地区与风速间不存在相关性；民主地区 $P < 0.05$，说明佳木斯地区苜蓿发病率与风速间存在负相关性。

表 6 – 2　各地区发病率与降水量和湿度的相关性

Tab. 6 – 2　Correlation between the alfalfa morbidity of precipitation and humidity

	大庆 Daqing		甘南 Gannan		民主 Minzhu		佳木斯 Jiamusi		兰西 Lanxi		牡丹江 Mudanjiang		青冈 Qinggang	
	r	P	r	P	r	P	r	P	r	P	r	P	r	P
降水量 Precipitation	-0.062	0.807	0.230	0.410	-0.281	0.311	0.602	0.085	0.223	0.424	-0.175	0.533	-0.059	0.836
相对湿度 Relative humidity	0.491	0.038	0.351	0.199	0.268	0.331	0.408	0.275	0.359	0.191	0.140	0.626	0.175	0.532
最小相对湿度 Minimum relative humidity	0.497	0.036	0.337	0.219	0.252	0.364	0.405	0.280	0.353	0.197	0.152	0.590	0.164	0.559

表 6 – 3　各地区苜蓿发病率与风速的相关性

Tab. 6 – 3　Correlation between the alfalfa morbidity and wind speed

	大庆 Daqing		甘南 Gannan		民主 Minzhu		佳木斯 Jiamusi		兰西 Lanxi		牡丹江 Mudanjiang		青冈 Qinggang	
风速 Wind speed	r	P	r	P	r	P	r	P	r	P	r	P	r	P
2min 风速 2 minutes	0.408	0.093	-0.399	0.141	-0.564	0.029	-0.499	0.171	-0.325	0.237	-0.388	0.153	-0.201	0.472
10min 风速 10 minutes	0.411	0.090	-0.395	0.145	-0.557	0.031	-0.475	0.197	-0.336	0.220	-0.395	0.145	-0.209	0.455
极大风速 Extreme	0.199	0.429	-0.345	0.208	-0.052	0.049	-0.500	0.171	-0.267	0.335	-0.430	0.110	-0.168	0.549
最大风速 Maximum	0.410	0.091	-0.408	0.131	-0.557	0.031	-0.523	0.149	-0.369	0.175	-0.439	0.102	-0.231	0.408
瞬时风速 Instantaneous	0.425	0.079	-0.371	0.173	-0.563	0.029	-0.475	0.197	-0.326	0.236	-0.385	0.156	-0.196	0.483

（四）苜蓿小光壳叶斑病发病情况

图 6 - 7 给出了 2014 年 7 月黑龙江各地的苜蓿小光壳叶斑病的发病率，除大庆（DQ）和民主（MZ）分别为 69.83% 和 44.10% 外，其他地区的发病率均达到了 90% 以上。由此可见，小光壳叶斑病在黑龙江境具有较高的发病率，其分布范围广，为害程度也较高。

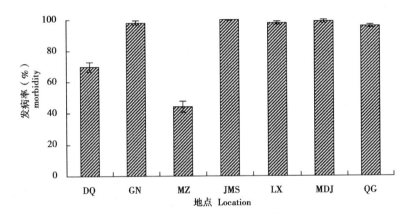

图 6 - 7　各地苜蓿小光壳叶斑病发病情况

Fig. 6 - 7　The morbidity of leptosphaerulina leaf spot

1. 苜蓿小光壳叶斑病病害程度

由图 6 - 8 可以看出，在总体上 2 级病害程度的叶片占有最大比例，平

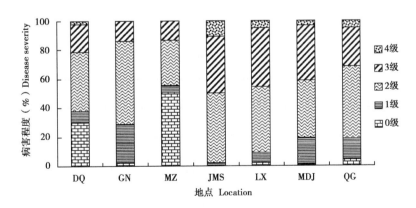

图 6 - 8　各地区苜蓿小光壳叶斑病病害等级分布

Fig. 6 - 8　The disease severity of leptosphaerulina leaf spot

均值为44.21%，0级病害程度的叶片只在大庆（DQ）和民主（MZ）两地有较高的比例，分别为31.16%和55.9%，而4级病害程度的叶片所占比例在各地的均小于5%。

2. 苜蓿小光壳叶斑病病情指数

通过计算，得出大庆（DQ）、甘南（GN）、民主（MZ）、佳木斯（JMS）、兰西（LX）、牡丹江（MDJ）、青冈（QG）各地的小光壳叶斑病病情指数为31.22、36.66、23.64、53.46、47.83、44.79、42.70，其中佳木斯的小光壳叶斑病的的病情指数最高（图6-9）。

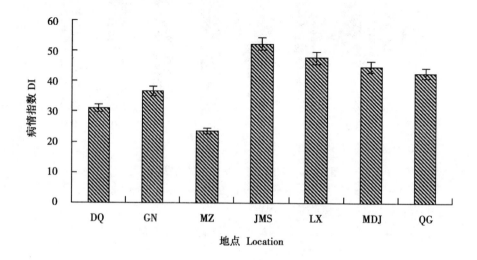

图6-9　不同地区苜蓿小光壳叶斑病病情指数

Fig. 6-9　The DI of leptosphaerulina leaf spot

3. 小光壳叶斑病病情指数与气象因子相关分析

（1）病情指数与大气温度相关分析。由图6-10可知，在最适温度内苜蓿小光壳叶斑病病情指数随温度的升高有明显降低趋势，而小光壳叶斑病病情指数与地面温度无显著相关性。

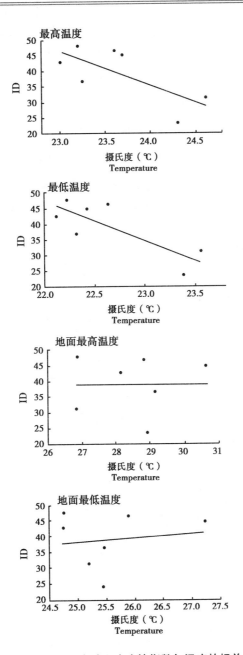

图 6 – 10　苜蓿小光壳叶斑病病情指数与温度的相关性分析

Fig. 6 – 10　The correlation between the leptosphaerulina leaf spot and temperature

通过分析表明，在适宜的温度范围内，苜蓿小光壳叶斑病叶斑病的病情指数与气温呈负相关，其中，其小光壳叶斑病分别与最高温与最低温进行相关分析时，P 均小于 0.05，说明小光壳叶斑病与气温具有显著相关性。经计算，温度每下降 1℃，小光壳叶斑病病情指数降低 11.67。而与地面温度进行相关分析时，并未通过 0.05 显著性检验，说明小光壳叶斑病的发病与地面温度无显著相关性（表 6-4）。

表 6-4 苜蓿小光壳叶斑病病与温度的相关性
Tab. 6-4 The correlation between the leptosphaerulina leaf spot and temperature

	方程	r	R^2	P 值	显著性
最高温度	$y = -10.921x + 297.62$	-0.725	0.525	0.42	*
最低温度	$y = -12.428x + 320.66$	-0.798	0.637	0.31	*
地面最高温度	$y = 0.4211x + 27.050$	0.064	0.004	0.891	
地面最低温度	$y = 1.5166x - 1.2305$	0.149	0.022	0.751	

* 显著（$0.01 < P < 0.05$）

（2）病情指数与其他气象因素间的相关分析。由图 6-11 可知，在最适温度内苜蓿小光壳叶斑病病情指数随相对湿度的升高有明显升高趋势，而小光壳叶斑病病情指数与降水量、风速无显著相关性。分别用降水量、相对湿度、最小相对湿度和最大风速与小光壳叶斑病进行相关性检验，得出降水量、最大风速、最小相对湿度与小光壳叶斑病无相关性。相对湿度与小光壳叶斑病在最小的可信度下是相关的，$0.05 < P < 0.1$（表 6-5）。

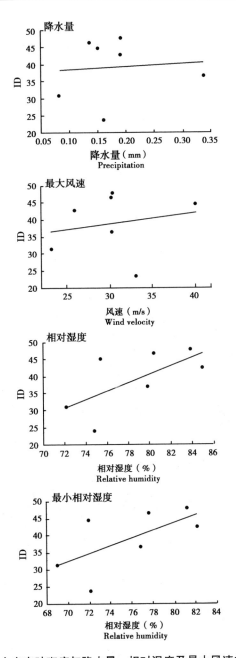

图 6 – 11　小光壳叶斑病与降水量、相对湿度及最大风速的相关性分析

Fig. 6 – 11　Correlation between the leptosphaerulina leaf spot and other factor

表 6 – 5 小光壳叶斑病与降水量、相对湿度及最大风速的相关性

Tab. 6 – 5 Correlation between the leptosphaerulina leaf spot and other factor

	方程	r	R^2	P 值	显著性
降水量	$y = 8.9319x + 37.449$	0.080	0.006	0.864	
风速	$y = 0.3174x + 29.376$	0.191	0.037	0.681	
相对湿度	$y = 1.2336x - 58.125$	0.66	0.0435	0.097	
最小相对湿度	$y = 1.1445x - 47.722$	0.635	0.403	0.126	

*显著（$0.01 < P < 0.05$）

四、结论与讨论

（一）结论

5—7 月份，黑龙江各地区苜蓿发病率总体呈上升趋势。5 月份只有大庆地区出现病害；6 月份，牡丹江、兰西、甘南地区病害程度较轻，民主、大庆、青冈地区较严重，最严重地区为佳木斯；7 月份，民主、青冈、大庆病害程度较轻，兰西、牡丹江地区较严重，佳木斯、甘南地区最严重。温度与苜蓿发病率有较高的正相关性，大部分地区的降水量、湿度和风速与苜蓿发病率没有相关性，大庆地区的湿度与苜蓿发病率有正相关性，民主地区风速与苜蓿发病率有负相关性。

小光壳叶斑病在黑龙江省各地均有较高的发病率，其中，佳木斯的小光壳叶斑病的病情指数最高。在适宜的温度下，苜蓿小光壳叶斑病与温度呈显著的负相关，而与湿度是在最小的可信度范围内呈正相关。此外，其与地面温度、最大风速及降水量等均无显著相关性。

（二）讨论

（1）5 月份只有大庆地区出现病害，应与 2012 年大庆地区降水丰沛、温度适中、为紫花苜蓿病害发生创造了适宜的水热条件有关。2012 年大庆地区的紫花苜蓿病害的分布范围及为害程度要比历史资料记载的更为广泛、更为严重，这可能导致 2013 年随着苜蓿的返青生长，病原菌遇到适宜的温湿度条件，孢子随风传到新叶上，发芽侵入苜蓿植株，引起发病。

（2）6 月份各地区苜蓿发病率均急剧上升，7 月份发病率上升缓慢，整体变化与温度的变化曲线相似，经 SPSS 软件 Analyze/Bivariate correlations 分析发病率与温度有很高的相关性。

（3）黑龙江大部分地区苜蓿发病率与降水和湿度没有相关性，黑龙江

省自东向西由湿润型经半湿润型过渡到半干旱型，2013 年各地区的 5—7 月日降水量不足 10mm，相对湿度均小于 85%。苜蓿褐斑病的病原菌湿度 < 93%，孢子不发芽，最适湿度为 98%；锈病夏孢子发芽要求相对湿度不低于 98%；霜霉病游动孢子囊的产生要求接近 100% 的相对湿度。苜蓿发病率与降水和湿度没有相关性的最可能的原因之一是各地区的湿度均未达到病原菌发生作用的最适湿度。

　　（4）在以往的研究中，植物大多病害都与雨湿条件具有正相关性，如在安徽六安市 1974 年 6—8 月三个月降水量为 454.5mm，雨量比常年偏多 15.1%，造成当地水稻白叶枯病空前大流行，全区减产稻谷 1 亿 kg；江苏阜宁县 1980 年 6 月 24—30 日降水量高达 303.3mm，田间长期大量积水，导致棉花枯萎病病菌随雨水流动而大范围扩散，导致常年棉花枯萎病零星发病的田块全田发病，平均发病株率达 30.6%，死苗率达 11.4%，严重的田块棉株全部死亡；甘肃张掖市 1983 年 6—8 月降水量比历年同期增加 95%，日照时数减少 41.5h，引起稻瘟病大流行。降水有利于大部分病菌的繁殖和扩散，绝大多数真菌孢子在植株叶面液态水中的萌发率和产生量显著提高，同时雨水又是细菌侵染和传播的主要途径之一。因此，降水或适温高湿有利于大多病菌的繁殖和扩散。而此处相关分析的结果与之前研究结果不符的原因可能是降水与相对湿度与其他影响因子，如温度等相互耦合而导致的。在以往的苜蓿病害调查中，小光壳叶斑病在全国其他地区鲜有报道，而通过其在黑龙江地区的发病率来看，小光壳叶斑病是一种地方特色性很强的病害。由于各种因素的限制，此次调查的样本数较少，但仍可以大体看出小光壳叶斑病与各气象因子的相关性，所以在今后应该对其进行更为系统、更为全面的研究，以为苜蓿生产作出更为系统的指导。植物病害的发生与气候变化有着密切的关系，尽管在植物物病害气象环境成因研究方面，目前已取得一些显著进展，但从总体上来看，相关的研究依然相当薄弱，而且涉及的病害种类非常有限，缺乏针对某种特定病害的系统研究，特别是病害发生流行影响机制的揭示研究大多还处于起步阶段，这是目前制约我国植物病害预测预报技术进步的关键所在。

第七章 黑龙江省苜蓿主要病害症状及诊断

第一节 大庆地区紫花苜蓿叶部病害调查和病原菌鉴定

一、材料和方法

（一）调查地点

为了解大庆地区紫花苜蓿叶部病害发生规律和病害分布，根据苜蓿分布情况和栽培特点，在 2013 年分别对林源、肇源县、肇洲县、杜尔伯特蒙古族自治县、林甸县、齐家种子基地、红骥牧场等地进行采样，共采集病害标本若干份，供病原菌鉴定，对部分地区的重要病原菌进行了显微摄影。

（二）调查方法

采用"Z"形取样法，每块样地取点 5 个，每点取 100cm×100cm 样方，随机摘取 20 个枝条，每个枝条自下而上随机选取 10 个复叶调查并照相记录田间病状。对苜蓿草地病害发生时期、为害种类、为害特征、发生区域、为害程度等情况进行记录，采用直接计数法记载计算得出发病率，经分析得出苜蓿主要病害发病规律，并选取部分样品带回实验室供分离鉴定。

（三）病害鉴定

将采集的病株（叶）压制成标本，进行细致的症状观察，经过制片镜检后，详细记录病原菌形态。

二、结果与分析

（一）大庆地区苜蓿种植面积及苜蓿品种

近年来，随着苜蓿需求量不断加大，苜蓿草产业的开发与发展，苜蓿种植面积逐年增加。大庆地区部分苜蓿种植面积及苜蓿品种如表 7 - 1 所示。

表7-1 大庆几大苜蓿种植区的种植面积及苜蓿品种

Tab. 7-1 Da Qing area part of the planting area and alfalfa varieties

地区	种植面积（亩）	苜蓿品种	海拔高度（m）	主要病害	危害部位
杜尔伯特蒙古族自治县	1 000	肇东1号　农菁1号	144	褐斑病	叶、茎部
胡吉吐莫镇	1 500	WL319 美国	150	褐斑病	叶、茎部
林甸	1 000	驯鹿	135	黄斑病	叶、茎部
红骥牧场	2 000	肇东1号	120	炭疽病	叶、根部
林源牧场	4 000	农菁1号	165	黄斑病	叶、茎部
银浪	2 500	驯鹿	155	叶斑病	叶、根部
星火	3 000	肇东1号	140	褐斑病	叶、茎部

（二）大庆地区苜蓿病害种类及发病率

通过本次对大庆的苜蓿病害和病原菌等调查研究，共发现苜蓿病害 12 种，即褐斑病（*Pseudopeziza medicaginis*）、霜霉病（*Peronospora aestivaLis*）、匍柄霉叶斑病（*S. alfalfa E. Simmons*）、轮斑病（*StemphyL Liumbotryosum*）、苜蓿春季黑茎与叶斑病（*Phoma medicaginis*）、苜蓿壳针孢叶斑病（*Septoria-medicaginis*）、锈病（*Uromyces striatus*）、苜蓿尾孢叶斑病（*Cercospora medicaginis*）、炭疽病（*CoL Letotrichu mtrifo Lii*）、苜蓿小光壳叶斑病（*PLeosphaeru Linabrio siana*）、苜蓿花叶病（*ALfaLfamosaic virus*）、苜蓿镰刀菌根腐病（*Sickle fungus root rot of alfalfa*）。2013 年大庆地区多雨，温度较低，因此苜蓿病害发生较重。在位于杜尔伯特蒙古自治县的勇敢村苜蓿植株发病率最高，为75.3%，胡吉吐莫、林甸、银浪等地发病率分别为 36.2%、34%、33.2%。采用一般调查法算出每个地方的发病率，（发病率=发病总叶数/调查总叶数×100%），即可得到大庆各个地区的发病率，如表7-2 所示。

表7-2 大庆几大苜蓿种植基地苜蓿发病率

Tab. 7-2 Da Qing several alfalfa planting base of Alfalfa incidence

地点	胡吉吐莫	勇敢村	林甸	银浪	红骥牧场	林源牧场	星火牧场
总叶数	417	1 592	486	211	95	134	166
病叶	151	1 199	165	70	33	41	78
发病率（%）	36.2	75.3	34	33.2	34.7	30.6	47

（三）普遍发生病害种类、分布及为害

2013 年黑龙江全省大部分地区降水丰沛，温度适中，为苜蓿病害发生创造了适宜的发育条件。对分布较广且为害较重的几种病害概述如下。

1. 苜蓿褐斑病

苜蓿褐斑病 2013 年发病较为严重，胡吉吐莫、杜尔伯特蒙古族自治县、林甸、银浪、林源等地普遍发生。

该病虽然不致使植株死亡，但对其生活力有很大影响。条件适宜时，叶片发病率高达 60% ~70%，甚至使茎下部叶片落光，仅剩上部新长出的尚未感病或感病很轻的幼小叶片。布素（Busu，1976）提出，可以用落叶率乘以 0.5 来估算减产。摩根（Morgan，1977）报道，此病在澳大利亚有时使苜蓿干物质产量下降 40% 以上，粗蛋白质含量下降 16%，消化率下降 14%，种子产量减少 1/2，而且种子品质低劣。苜蓿感染褐斑病后，香豆醇类毒物含量剧增，雌性家畜食入后，对其排卵、怀孕等生殖生理有很大影响，繁殖力显著下降（摩根 Morgan，1980）。

除侵染叶片外，也可侵染叶柄和幼茎。叶片上典型症状为病斑圆形或近圆形，直径 0.5 ~1.0mm，通常彼此不融合，浅褐色至深褐色，边缘锯齿状。病害后期叶面病斑中央变厚，出现直径约 1mm、浅褐色至浅黄色凸起的蜡状颗粒，成熟后凸起物向四周裂开，似不规则的碗状，病原菌子实体——子囊盘，一般每个病斑上 1 个。病情严重时，病斑布满全叶，使叶片早期黄化或干枯皱缩脱落，如彩插图 7-1 所示。

2. 苜蓿小光壳叶斑病

银浪、肇州发病率较高，但为害程度不太严重。

苜蓿小光壳叶斑病主要为害幼嫩叶片，也侵染叶柄和老叶。叶部症状随环境和叶片的生理状况而变化。病斑初起小形，黑色，保持"胡椒斑"状，或扩大成直径 1 ~3mm 的"眼斑"。

病斑中央淡褐色至黄褐色，有暗褐色边缘，常有一个褪色绿区环绕。当条件有利于侵染时，随植株迅速生长，病害同时发展，病斑扩大，汇合成一片黄化的叶区。在这样条件下，叶片常枯死，并在短期内仍附挂在枝条上，直至被风吹落或刈割时碰落。早春感病使植株矮化。由病斑中央多为灰白色，故被称为"灰星病"，如彩插图 7-2 所示。

3. 苜蓿匍柄霉叶斑病

杜尔伯特蒙古族自治县、齐家种子基地均有分布。

该病对苜蓿的最大为害表现为导致叶片大量脱落。在排除了田间风、雨、昆虫及其他因素影响，于温室内进行的人工侵染试验表明，接种后20d内，患病小叶片脱落达70%之多。当叶片受害面积达20%时，整个叶片往往死亡。病株之荚果生长期缩短，每株结荚数及每荚果内种子粒数均显著减少。花序严重感染者，荚果发育不全乃至不结实。产种量仅为健康植株的1/3~1/2。发芽率降低30%以上。

苜蓿匍柄霉叶斑病病斑卵圆形，稍凹陷，淡褐色，向边缘呈扩散状暗褐色环带，病斑外围有一淡黄色晕圈，随病斑扩大，出现同心环纹，并可占据一片小叶的大部分，如彩插图7-3所示。病害严重时，最终可引起叶片变黄提早脱落。

4. 苜蓿春季黑茎与叶斑病

苜蓿春季黑茎与叶斑病分布于林源、星火牧场。

叶、茎、荚果以及根茎和根上部均可受到侵染。早期在下部叶片、叶柄和茎上出现许多小的暗褐色至黑色、近圆形或不规则形的病斑。小病斑常呈黑痣状。随病斑增大，常常相互汇合，叶片变黄，枯萎脱落。当病斑发生于叶缘或叶尖时，常呈近圆形、椭圆形、不规则形或楔形的大斑，颜色自淡黄褐色、褐色至黑色不等，可略呈轮纹状，病斑之外有时具淡黄色晕圈。病斑死组织上可见不太明显的小点，即病原的分生孢子器。因叶部病斑具轮纹，又称叶斑为轮纹病。茎和叶柄上的病斑呈长形或不规则形，深褐色至黑色，稍凹陷。植株下部茎大面积变黑，后期病斑中央色变浅。在适宜条件下，病斑上产生许多小黑点状分生孢子器，有时使茎开裂呈"溃疡状"，或使茎环剥和死亡。根部受侵染，根茎和主根上部腐烂，如彩插图7-4所示。

5. 花叶病

花叶症状主要在春、秋季节较冷凉条件下，表现于感病型的苜蓿上。夏季叶上症状不明显。叶部症状有淡绿或黄化的斑驳（花叶），叶或叶柄扭曲变形，枝茎矮化。一些株系可以引起某些基因型苜蓿植株长势逐渐衰弱，另一些株系可在接种后几周内引起根系坏死和植株死亡。苜蓿花叶病毒的感染可导致苜蓿植株受干旱或霜冻的危害。因花叶病造成产量损失的大小受病毒株系、苜蓿遗传型、温度、土壤和其他环境因素等影响。

由苜蓿花叶病毒引起的花叶病在大庆肇源地区有分布，如彩插图7-5所示。2年以上的苜蓿地，80%的植株可感染病害。虽然已知所有苜蓿遗传型都感染1个或更多个病毒株系，但一些株系不产生明显的叶部症状。苜蓿发病率达53%时，可减产1%，但不影响越冬。

（四）局部地区为害较重病害种类、分布及为害

经调查发现，苜蓿镰刀菌根腐病、苜蓿炭疽病、霜霉病在局部地区分布且产生较为严重的为害。

1. 苜蓿镰刀菌根腐病

此病主要侵染根部，发病初期根部产生水渍状褐色坏死斑，严重时整个根内部腐烂，仅残留纤维状维管束，病部呈褐色或红褐色，如彩插图7-6所示。湿度大时，根茎表面产生白色霉层，即为分生孢子。根部腐烂病株易从土中拔起。发病植株随病害发展，地上部生长不良，叶片由外向里逐渐变黄，最后整株枯死。

根腐病为土壤习居菌，主要以菌丝体、厚垣孢子在土壤、病残体和带菌种子中越冬，成为主要初侵染源。病害发生流行的主要因素是土壤温度和湿度，根腐病菌的生长最适温度为25～30℃。土壤湿度大，地下害虫发生多，连作地块往往发病较重。调查结果表明，大庆齐家种子田分布苜蓿镰刀菌根腐病，需引起农牧民的高度重视。

2. 苜蓿炭疽病

苜蓿炭疽病在大庆林源有分布，病斑出现于植株的各部位，但以茎秆上常见。在抗病植株的茎上，有少数小的、不规则形的黑色斑，在感病植株的茎上，出现大的卵圆形至菱形病斑，大病斑稻草黄色，具褐色边缘。病斑变成灰白色，其上出现黑色小点，如彩插图7-7所示，即病菌的分生孢子盘，用放大镜很容易看到。当病斑扩大时，相互汇合，环茎一周。同一病株内常有1至几个枝条受害枯死。苜蓿草地的明显症状是夏秋季节，有稻草黄至珍珠白色的枯死枝条分散在整个田间，这些死亡的枝条如果是被大的病斑环绕并突然枯萎，可呈牧羊杖形状。

炭疽病最严重的症状是青黑色的根茎腐烂。当感染后枝条枯死并自根茎部断掉时，常可看到这种症状。如果茎基部是青黑色并断掉，在死的枝条上部看不到病斑，这是炭疽病的特征。如果茎基部是淡褐色，则是镰刀菌枯萎或丝核菌冠腐病。这几种病害可同时发生在同一田块内。叶部可产生不规则形病斑，常占据整个叶片。叶柄受害时变黑枯死。根部受侵染产生黑色或褐色病斑。

3. 苜蓿霜霉病

苜蓿霜霉病常见局部性症状，叶片上出现不规则形的褪绿斑，淡绿色或黄绿色，病斑边缘不清晰，随病斑的扩大或汇合，以及整片小叶呈黄绿色，叶缘向下方卷曲，如彩插图7-8所示。潮湿时叶背出现灰白色至淡紫色霉

层，即病原菌的分生孢子梗和分生孢子（有称孢子囊梗和孢子囊）。感病植株也可出现系统性症状，全株褪绿矮化，茎变短，扭曲畸形。重病珠不能形成花序或发育不良，大量落花、落荚。

温凉潮湿，雨、雾、结露频繁的气候条件有利于此病发生，炎热干燥的夏季停止发病，因此，许多地区长出现春季和秋季两个发病高峰。在肇州尤其在水淹后该病发生严重，发病率达80%左右，为害较为严重。

三、结论

本文研究在借鉴前人工作的基础上，通过对大庆地区的紫花苜蓿的调查及致病病原菌的鉴定，进一步摸清了大庆市及周边地区生长的紫花苜蓿叶部出现病害的区域分布、病害种类以及病害情况。经统计，此次调查研究共发现紫花苜蓿茎部和叶部病害12种。据相关资料记载，大庆地区生长的紫花苜蓿的主要病害有苜蓿褐斑病、苜蓿小光壳叶斑病、苜蓿匍柄霉叶斑病、苜蓿春季黑茎与叶斑病以及花叶病等。

本次调查结果表明，目前大庆地区的苜蓿病害的分布范围及为害程度要比历史资料记载的更为广泛、更为严重。2013年黑龙江全省大部分地区降水丰沛，温度适中，为苜蓿病害发生创造了适宜的水热条件，致使紫花苜蓿病害发生情况较往年严重，且部分病害发生较为严重。资料显示，大庆地区的苜蓿褐斑病、苜蓿小光壳叶斑病、苜蓿匍柄霉叶斑病、苜蓿春季黑茎与叶斑病分布广泛，为害较为严重，应提前进行防治。

第二节　不同苜蓿品种田间主要病害的调查与分析

一、研究区自然概况

大庆市位于松嫩平原中部，地理位置在北纬45°46′～46°55′，东124°19′～125°12′。地势平坦，平均海拔146m，属于温带大陆性半湿润、半干旱季风气候，四季气候变化明显，雨热同季，冬季严寒干燥，夏季温暖多雨。全市年平均气温4.2℃，最冷月平均气温−18.5℃，极端最低气温−39.2℃；最热月平均气温23.3℃，极端最高气温39.8℃，年均无霜期143d；年均风速3.8m/s，年大于16级风日数为30d；年降水427.5mm，年蒸发1 635mm，年干燥度为1.2，大陆度为78.9；年日照时数为2 726h。

二、材料与方法

（一）材料采集

在黑龙江省大庆市黑龙江八一农垦大学草业系苜蓿种植试验田进行了各苜蓿样品采集。采用五点采样法，每点取 100cm×100cm 样方，随机摘取 50 个苜蓿枝条，均分成 2 组，在从每组的枝条上随机选取 10 个复叶记录相关病状。

（二）测定项目及方法

1. 苜蓿叶部病害发病率

对枝条上摘取的复叶进行病害观察和研究，统计每个枝条上小光壳叶斑病、褐斑病、锈病的有病和无病叶片数，并记录相关数据，用 Microsoft Excel 进行数据处理，两组的平均值为该苜蓿品种被测病害类型的发病率。

$$发病率（\%）= \frac{有病叶片数}{样本叶片数} \times 100$$

2. 苜蓿叶部病害程度

根据苜蓿叶片的病斑覆盖叶面积的百分率，将苜蓿病害程度分为 5 级：0 级（0）、1 级（0~5%）、2 级（5%~19%）、3 级（20%~49%）、4 级（50%~100%）。

在实验室中通过目测法得出叶片病害程度。

3. 病情指数

病情指数是全面考虑发病率与病害程度两者的综合指标。若以叶片为单位，当病害程度用分组代表值表示时，病情指数计算公式为：

$$DI = \frac{\sum (ni \times Si)}{4 \times N} \times 100$$

式中：DI——病情指数；

n——相应发病级别的株（叶、枝条）数；

i——病情分级的各个级别；

S——发病级别；

N——调查的总株数。

三、结果与分析

（一）不同苜蓿品种田间主要病害的发病情况

在实验室测定 21 个苜蓿品种发病情况的数据后，为更直观地表达发病情况，用苜蓿品种首字母缩写代替全称，将病害发病情况数据制图，表7-3为18个苜蓿品种的缩写与全称。

表7-3 苜蓿品种缩写与全称对照表

Tab. 7-3 alfalfa varieties with full name abbreviation table

序号	缩写	全称
1	DS	DS310FY
2	TG	TG
3	CW	CW200
4	BJ	北极星
5	SK	SK301
6	ZH	杂花芷蓿
7	32	32IQ
8	HX	寒苜一号
9	806	龙枚806
10	801	龙枚801
11	SBD	斯贝德
12	HH	皇后
13	SE	Secure
14	AH	敖汉
15	ZD	肇东
16	XL	驯鹿
17	JNCR	巨能CR
18	JNII	巨能Ⅱ

由图7-1可知，杂花苜蓿小光壳叶斑病的病情指数最高，为51.5，其次为寒苜一号，为42.5，DS310FY和龙牧806均为42。最低的为肇东3.5，驯鹿为4。根据小光壳叶斑病发病率统计数据，显示 DS310FY、杂花苜蓿、寒苜一号的小光壳叶斑病发病率为100%，属于高感品种。

国内品种小光叶斑病病情指数平均值为29.9，国外平均值28.8。国内品种对小光壳叶斑病的抗性稍弱于国外品种。其中，国内品种中杂花苜蓿和龙牧806最容易感染小光壳叶斑病，国外品种中 DS310F 最容易感染小光壳叶斑病。肇东、驯鹿对此类病害具有抗病性，不易感染。

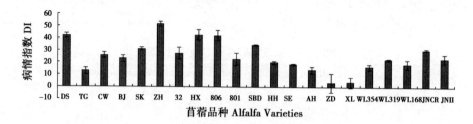

图7-1 不同苜蓿品种小光壳叶斑病病情指数

Fig. 7-1 The DI of leptosphaerulina leaf spot

由图7-2可知，褐斑病病情指数数值差异显著，最高是肇东，为73.5，其次为敖汉，为52，最低是杂花苜蓿，为2.5，其次为北极星，为3、SK301，为3。敖汉、TG4、斯贝德、肇东的褐斑病发病率分别为98%、96%、96%、96%，属于高感品种。

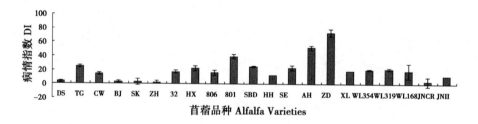

图7-2 不同苜蓿品种褐斑病情指数

Fig. 7-2 The DI of Common leaf spot

国内品种褐斑病病情指数平均值为33，国外品种为23.25，表明国外品种对褐斑病抗性明显高于国内品种。敖汉、肇东、龙牧801为高感品种，杂花苜蓿对褐斑病具有一定抗性。

由图7-3可知，锈病的病情指数普遍低，最高的为杂花苜蓿，为26.5，其次为肇东，为25.5、CW200为25，最低的为敖汉为1.5，其次为巨能Ⅱ，为2.5、WL354为3。

发病率最高的是CW200，为88%，杂花苜蓿为88%，其次为TG4，为82%，龙牧806为79%。最低的为敖汉，为6%，其次为WL354，为12%、Secure为17%。国内品种锈病病情指数平均值为25.18，国外为15.15，表明国外品种抗锈病能力比国内强。杂花苜蓿、CW200为高感品种，TG4、龙牧806易感品种，敖汉、巨能Ⅱ对锈病具有一定抗性。

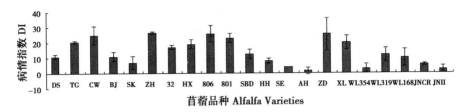

图 7 - 3　不同苜蓿品种锈病病情指数

Fig. 7 - 3　The DI of Rust

（二）各品种间田间主要病害相关分析

1. 小光壳叶斑病病情指数与褐斑病病情指数相关分析

由图 7 - 4 可知，在同一个苜蓿品种内小光壳叶斑病病情指数随着褐斑病病情指数的增加而呈现下降趋势，且各点之间分布比较密集。

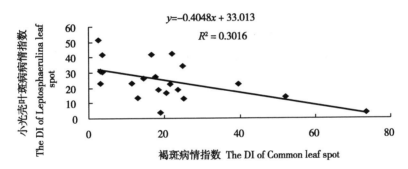

图 7 - 4　苜蓿小光壳叶斑病病情指数与褐斑病病情指数的相关性分析

Fig. 7 - 4　The correlation between the leptosphaerulina

leaf spot and Common leaf spot

通过计算两者之间的一元回归方程得出，$y = -0.41305x + 33.495$，$R^2 = 0.3249$，表明苜蓿小光壳叶斑病的病情指数与褐斑病呈负相关，$R^2 = 0.3249$ 说明小光壳叶斑病与褐斑病具有一定相关性。

2. 小光壳叶斑病病情指数与锈病病情指数相关分析

由图 7 - 5 可知，在同一个苜蓿品种内苜蓿小光壳叶斑病病情指数随锈病病情指数的升高而呈现升高趋势，且各点之间离散分布。

通过计算两者之间的一元回归方程得出，$y = 0.2734x + 21.296$，$R^2 = 0.03475$，表明小光壳叶斑病病情指数与锈病病情指数呈正相关，$R^2 =$

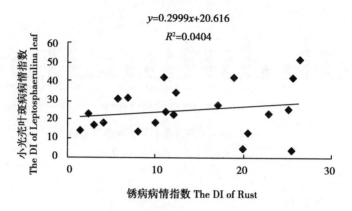

图 7－5　小光壳叶斑病病情指数与锈病病情指数相关性

Fig. 7－5　light shell and rust disease index correlation

0.03475，数值小，表明具有一定的相关性。

　　3. 褐斑病病情指数与锈病病情指数相关分析

　　由图 7－6 可知，在同一个苜蓿品种内苜蓿褐斑病病情指数随锈病病情指数的增加而呈现升高趋势，且各点之间离散分布。

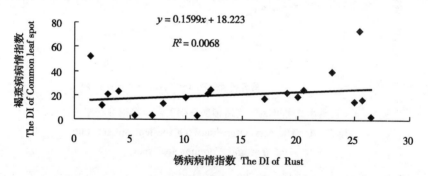

图 7－6　褐斑病与锈病病情指数相关性

Fig. 7－6　correlation of brown spot and rust disease index

　　通过计算两者之间的一元回归方程得出，$y = 0.1599x + 18.223$，$R^2 = 0.006$，表明褐斑病病情指数与锈病病情指数呈正相关，$R^2 = 0.006$，数值较小，相关性不明显。

四、讨论与结论

（一）讨论

植物的抗病性是指植物避免、中止或阻滞病原物侵入与扩展，减轻发病和损失程度的一类特性。发病率和病情指数通常被国内研究学者用作苜蓿病害调查的重要指标，二者可反映出苜蓿对病害的抗性强弱。本文以发病率和病情指数为指标，比较各苜蓿品种田间主要病害之间的关系。结果表明，对于小光壳叶斑病，21 个品种均感染小光壳叶斑病，但是不同品种对小光壳叶斑病的抗性存在差异，以国内品种杂花苜蓿的病情指数最高，其次为寒苜一号，为42.5，国外品种中 DS310FY 病情指数最高为，42。最低的为肇东，病情指数为3.5，其次为驯鹿，仅为4，两者表现出良好的抗病性。对于褐斑病，病情指数最高的为肇东，为73.5。其次敖汉，为52。最低的为杂花苜蓿，为2.5，北极星与 SK301 均为3。这说明国外品种对褐斑病的抵抗性强于国内品种。对于锈病，病情指数最高的为杂花苜蓿，为26.5，最低的为敖汉，为3。这说明国外品种比国内品种抗锈病能力强。

龙牧 806 和龙牧 801 对锈病的抗性相近，但 806 对褐斑病的抗性高于 801，对小光壳叶斑病的抗性低于 801。WL354、WL319、WL186 对小光壳叶斑病抗性最高的是 WL354，最低为 WL319。对褐斑病抗性最高的是 WL168，最低的是 WL319。对锈病的抗性最高的是 WL354，最低为 WL319。WL319 对病害的抗性均弱于 WL354、WL186。寒苜一号对于三种病害均为易感品种，对三种病害的抗性都弱，不易在当地大规模种植。

驯鹿对褐斑具有一定抗性，而对于小光壳叶斑病则属于强抗。这与李科等人的研究一致。田间进行苜蓿品种主要病害的抗性鉴定和筛选，操作简单，方法易于掌握，同时可减少误差，是抗性评价的有效方法。在本次调查中，由于其他病害发病较轻或者没有，不影响实验观察，就没有并入一起做相关性比较。

（二）结论

本研究得出，小光壳叶斑病病害程度在各品种中最严重，其次是褐斑病、锈病。小光壳叶斑病病情指数与褐斑病病情指数呈显著的负相关，而与锈病病情指数呈正相关。此外，褐斑病病情指数与锈病病情指数呈正关性。驯鹿对主要的田间病害均具有较高的抗性，可做为综合抗病品种进行栽培，推荐在当地种植或作为遗传材料。

第三节　黑龙江省苜蓿病害种类调查及病原鉴定

一、材料和方法

（一）调查地点

为了解黑龙江省苜蓿叶部病害发生规律和病害分布，根据苜蓿分布情况和栽培特点，分别在黑龙江省甘南（GN）、佳木斯（JMS）、兰西（LX）、青冈（QG）、民主（MZ）、牡丹江（MDJ）及大庆地区（DQ）各苜蓿种植基地进行了苜蓿样品采集。

（二）调查方法

采用 5 点取样法，每点取 $1m \times 1m = 1m^2$，随机摘取 10 个枝条，每个枝条自上而下随机取 10 个复叶进行调查，记录病害种类，将采集到的样本分别归类标号，带回实验室进行病原菌的鉴定工作。

（三）病害鉴定

将采集的病株（叶）压制成蜡叶标本，进行细致的症状观察，经过制片镜检后，详细记录病原菌形态。

二、结果与分析

调查发现的病害有褐斑病（Common leaf spot）、霜霉病（*Peronospora aestivaLis*）、锈病（*Uromyces striatus*）、壳针孢叶斑病（Septoria leaf spot）、炭疽病（*CoL Letotrichu mtrifo Lii*）、花叶病（mosaic virus）、白粉病（*powdery mildew*）、根腐病（root rot）、小光壳叶斑病（leaf spot light shell），总计 9 种病害。

（一）苜蓿褐斑病

症状：感病叶片出现褐色至黑色圆形斑点状的病斑，边缘光滑或呈细齿状，病灶成熟时直径为 1~3mm，互相多不汇合。在病灶尚小时呈现浅棕色，直径达到 1mm 时可通过显微镜观察到。叶片随着疾病的病变逐渐变黄，最终蔓延全部叶片，叶片枯萎。在采集到的同一株叶片中，发现大部分是下部叶片有显瘦的病害侵袭，如彩插图 7-9 所示。

病原菌：由子囊菌亚门、假盘菌属的苜蓿假盘菌引起。一个单一的子囊盘产生在基质表皮。该子囊盘经过发育，其子实层子囊轴承表面层突破表皮，露出子囊。子囊呈棒状，长度为 50~70μm，宽度约为 10μm 子囊间通常无隔，两端常略膨大。在培养基中真菌生长缓慢，如彩插图 7 - 10 所示。

（二）苜蓿霜霉病

症状：叶片的病变组织变为黄色，发现的部分全身性感染的叶片样本已经侵染整个叶片甚至部分蔓延至一部分茎的组织处。被感染的茎部较正常的相比，直径较大，长度较短。染病的叶片发生扭曲变形，边缘卷曲。在该种叶片的下表面有一个或数个明显的淡紫色的绒毛状生长的分生孢子梗或者分生孢子。经观察，发现卵孢子在病变组织中产生，如彩插图 7 - 11 所示。

病原菌：由鞭毛菌亚门的苜蓿霜霉菌（*Peronospora aestivalis Syd.*）引起，分生孢子梗细长，呈树状，具有次生分枝。每个终端的小枝尖端有一个分生孢子，该孢子球形至椭圆形不等，大小为（15 ~ 32）μm ×（18 ~ 37）μm，从侧面萌发淡紫色芽管。卵孢子呈球状，淡黄色，直径为 30 ~ 37μm，表面平滑或者起皱，如彩插图 7 - 12 所示。

（三）苜蓿根腐病

症状：萎蔫苗是第一印象。病害早期，叶子白天枯萎，晚上充盈，主要侵染根部，发病初期根部产生红色或者红褐色条纹，出现在根部横截面的小部分或者呈完整的环状。此现象为该病状独有现象，严重时整个根从内到外发生变色，内部腐烂，仅残留纤维状维管束，病部呈褐色或红褐色，而枯萎的皮质或者皮不受影响，如彩插图 7 - 13 所示。

病原菌：属半知菌亚门真菌，形如镰刀。菌落初为白色，后渐变为桃红色。病菌产生 2 种类型的分生孢子，分生孢子椭圆形或圆形。其中，大型分生孢子无色，镰刀形，或多或少指向每个顶端，有 3 个隔膜，大小（28.9 ~ 42.1）μm ×（4.6 ~ 6.2）μm，可产生厚垣孢子；小型分生孢子单胞，无色，椭圆形或纺锤形，偶有 1 分隔，大小为（9.2 ~ 14.5）μm ×（5.2 ~ 5.9）μm，如彩插图7 - 14 所示。

（四）苜蓿锈病

症状：叶片两面，主要在叶下面以及叶柄、茎等部位受病菌侵染，而后出现小的褪绿斑，随后隆起呈状，圆形，灰绿色，最后表皮破裂露出棕红色或铁锈色粉末。这些疱状斑即是锈病的夏孢子堆和冬孢子堆，其粉状物是夏孢子和冬孢子。夏孢子堆肉桂色，冬孢子堆暗褐色。当苜蓿锈病的冬孢子萌发时，产生担孢子侵染大戟属的乳浆大戟（*Euphorbia esula*）或柏大戟（*E. cyparissias*）等，使之产生系统性症状，植株变黄，矮化，叶形变短宽，有时枝条畸形或偶见徒长，病株呈帚状。叶片上初生蜜黄色小点，随后叶片下面密布杯状突起锈子器，由此散出的黄色粉末即是将侵染苜蓿的锈孢子，如彩插图 7 – 15 所示。

病原菌：线状菌病源锈菌，分为冬孢子和夏孢子。夏孢子单细胞，球形至宽椭圆形，淡黄褐色，壁上有均匀的小刺，2～5 个芽孔，位于赤道附近，大小为（17～27）μm ×（16～23）μm。冬孢子单胞，宽椭圆形、卵形或近球形，淡褐色至褐色，大小为（18～26）μm ×（13～34）μm，外表有长短不一纵向隆起的条纹，芽孔顶生，外有透明的乳突，柄短，无色，多脱落，大小为（17～29）μm ×（13～24）μm，如彩插图 7 – 16 和彩插图 7 – 17 所示。

（五）苜蓿白粉病

症状：病株叶片两面、茎部、叶柄和荚果上有一层白色雾层，呈蛛网状。最早出现小圆形，由于病菌蔓延，可逐渐扩大直至覆盖全叶，发病后期产生分生孢子，病斑呈白粉状，为独特病状直至末期霉层呈淡褐色或灰色，同时有橙黄色至黑色小点出现，如彩插图 7 – 18 所示。

病原菌：由豆科内丝白粉菌引起。菌丝体最初寄生于寄主组织内，将形成子实体时菌丝由气孔伸出，形成大量气生菌丝和分生孢子梗，产生分生孢子。大多数分生孢子单个附着在分生孢子梗上。初生分生孢子单胞，无色，窄卵形或披针形，顶端逐渐变尖。次生分生孢子长椭圆形，大小为（40～80）μm ×（12～18）μm；闭囊壳埋生于菌丝体中，褐色或暗褐色，球形或扁球形，直径为 130～240μm，壁细胞呈不规则多角形，但并不容易观察到，附属丝较短，丝状，无色，弯曲并分支，粗细不匀，常与气生菌丝交织在一起。子囊多个，椭圆形或者宽椭圆形，两侧不对称，有较长的柄，直或弯曲，大小为（69～116）μm ×（24～40）μm，内有数目不等的子囊孢子。子囊孢子无色，单胞，呈椭圆形，大小为［21～37.5（51）］μm ×（12～22）μm，如彩插图 7 – 19 所示。

（六）苜蓿花叶病

症状：叶脉间出现淡绿或黄化的斑点（花叶），叶或叶柄扭曲变形，枝茎矮化。被侵染的植株发现抵抗力削弱，容易感染其他疾病，如彩插图 7 – 20 所示。

病原菌：苜蓿花叶病毒（英文名缩写 AMV，即 alfalfa mosaic virus）。该病毒的致死温度为 60～65℃；稀释限点为 10^{-5}～10^{-3}；体外存活期为 2～4d，如彩插图 7 – 21 所示。

（七）苜蓿小光壳叶斑病

症状：主要影响新叶、嫩叶，对老叶影响较小。病变之初为黑色的小点，保持在“胡椒点”形状，或扩大为椭圆形或圆形的“眼点”，直径为

1~3mm。后期出现浅棕色至棕褐色的中心区和深褐色的边缘包围的褪绿区。条件有利时，感染迅速扩大，病斑扩散，最终汇合成整片的黄化叶片，叶片枯死，如彩插图7-22所示。

病原菌：由薄壁细胞构成，膜质，呈淡褐色，直径为83~152μm。内部存在几个大的袋状子囊，呈无色透明状，大小为（53~98）μm×（31~48）μm，子囊内部有8个子囊孢子。每个均呈椭圆形，接近菱形，颜色由无色渐变至淡黄色。大多数排列三至五砖格状，纵向1~2个隔。在人工培养基上，形成的菌落是腹背紧贴的，几乎是黑色，如彩插图7-23所示。

（八）苜蓿壳针孢叶斑病

症状：被侵染的叶片最初接近圆形的褐色小斑点。随着症状的发展，斑点逐渐扩大，颜色逐渐变为灰白色，最终接近白色。形状呈不规则圆形，大小为2~4mm。病斑上存在不规则的褐色环状条纹，分散着生黑褐色小点。切开茎部和主根时，发现皮质和木质部组织中含有小型的橙红色斑点。受到影响的组织坚实且干燥，甚至不受到根腐病的侵害。最终根部和茎部出现坏死，植物死亡，如彩插图7-24所示。

病原菌：苜蓿壳针孢，属于分生孢子器。在叶的两面均有分布。由叶片内部长出。形状呈扁球形或接近球形。器壁为褐色膜质。大小为80~120μm。其分生孢子无色透明，略有弯曲，有多个间隔不等，如彩插图7-25所示。

（九）苜蓿炭疽病

症状：在受侵染植株的茎部，有少数小的、呈不规则形状的黑色斑点。部分严重感染的植株茎部出现大的类圆形或菱形斑，斑最初为黄色，有褐色环状围绕，最终变为灰白色，上面有黑色小点。病斑扩大时相互汇合，环茎一周。因该病死亡的植株自根茎部断开时会发现青黑色的根茎腐烂，这是最严重的炭疽病症状，如彩插图7-26所示。

病原菌：分生孢子盘分散或者聚集生长在黄色的病斑上，内部有数目不一的刚毛。刚毛的数目和长度收到外部环境因素影响。刚毛呈暗褐色或黑色，隔膜数目不等。分生孢子梗无色透明，呈柱状，顶部着生分生孢子。分生孢子无色透明，笔直状，两端呈圆形，无间隔，如彩插图7-27所示。

三、结论

近几年黑龙江省大部分地区降水丰沛，温度适中，为苜蓿病害的发生创造了适宜的水热条件，致使苜蓿病害发生情况较为严重。通过本次调查确定的黑龙江省几大苜蓿种植区的常见苜蓿病害分别是苜蓿霜霉病、苜蓿褐斑病、苜蓿根腐病、苜蓿锈病、苜蓿白粉病、苜蓿花叶病、苜蓿小光壳叶斑病、苜蓿壳针孢叶斑病、苜蓿炭疽病共计9种病害，其对应的病原菌分别为苜蓿霜霉菌、苜蓿假盘菌、苜蓿镰刀菌、线状菌病源锈菌、豆科内丝白粉菌、苜蓿花叶病毒、苜蓿小光壳、苜蓿壳针孢、三叶草刺盘孢。这些病害种类及其病原菌类型的确定为进一步预防和治理工作打下了基础。

第四节　黑龙江紫花苜蓿主要病害发生及鉴定

一、材料与方法

（一）调查地点

为了解黑龙江省紫花苜蓿主要种植区叶部病害发生规律和病害分布，根据其分布情况和栽培特点，在2013年7—9月期间分别对大庆五区四县、齐齐哈尔甘南和富拉尔基、哈尔滨农科院草地研究所、肇东、安达、黑河、五大连池、北安、牡丹江等地进行田间调查并采样，带回实验室供病原菌分离鉴定。

（二）试验方法

采用"Z"形取样法，每块样地取点5个，每点取100cm×100cm样方，随机摘取20个枝条，每个枝条自下而上随机选取10个复叶调查并照相记录田间病状。对苜蓿草地病害发生时期、为害种类、为害特征、发生区域、为害程度等情况进行记录，采用直接计数法计算得出发病率，经分析得出苜蓿主要病害发病规律，同时选取部分样品带回实验室供分离鉴定。

（三）病害鉴定

将采集的病株（叶）装于自封袋，做好标记和记录后置于冰箱中4℃保存。对于苜蓿病害通常采用形态学鉴定和病原菌鉴定，对于像锈病、霜霉病、褐斑病这类严格寄生菌通常经形态学鉴定和制片镜检即可判断，而对于其他病害除进行上述步骤外还需通过分离、纯化、侵染验证等步骤方能确定致病菌，以便在防治时对症下药。

二、结果与分析

本次调查并鉴定病害共有12种，即褐斑病（*Pseudopeziza medicaginis*）、霜霉病（*Peronospora aestivaLis*）、匍柄霉叶斑病（*S. alfalfa E. Simmons*）、轮

斑病（*StemphyL Lium botryosum*）、苜蓿春季黑茎与叶斑病（*Phoma medicaginis*）、苜蓿壳针孢叶斑病（*Septoria medicaginis*）、锈病（*Uromyces striatus*）、苜蓿尾孢叶斑病（*Cercospora medicaginis*）、炭疽病（*CoL Letotrichu mtrifo-Lii*）、苜蓿小光壳叶斑病（*PLeosphaeruLinabrio siana.*）、苜蓿花叶病（*alfalfa mosaic virus*）、苜蓿镰刀菌根腐病（*Fusarium* spp.）。各种病害在各地分布情况和发病率如表7-4所示。

表7-4 黑龙江省几大苜蓿种植区紫花苜蓿病害分布和发病率
Tab. 7-4 Heilongjiang province several big alfalfa belt distribution and the incidence of alfalfa diseases

	大庆地区	绥化地区	齐齐哈尔地区	黑河地区	牡丹江地区
褐斑病	45%	5%	15%	12%	20%
匐柄霉叶斑病	30%	24%	15%	10%	8%
苜蓿小光壳叶斑病	25%	12%	2%	15%	8%
苜蓿壳针孢叶斑病	2%	0	8%	5%	0
苜蓿壳多孢叶斑病	15%	8%	15%	2%	5%
春季黑茎与叶斑病	12%	15%	20%	10%	8%
轮斑病	10%	0	0	0	0
花叶病	8%	0	10%	0	2%
镰刀菌根腐病	5%	2%	2%	5%	6%
霜霉病	8%	0	0	10%	15%
锈病	5%	0	0	0	0

（一）普遍发生的病害种类、分布及为害

经调查发现，苜蓿褐斑病、苜蓿匐柄霉叶斑病、苜蓿小光壳叶斑病（灰星病）在几大苜蓿种植区普遍发生，分布范围较广，为害程度也较重。

1. 褐斑病

苜蓿褐斑病又名普通叶斑病，儿乎遍布世界所有苜蓿种植区，是苜蓿最常见和破坏性很大的病害之一，在黑龙江省几大苜蓿种植区都有发生。

调查结果表明，在肇州、肇源、林甸、林源、银浪牧场、绿色草原、星火牧场、杜尔伯特蒙古族自治县、八一农大试验田、五大连池、北安、齐齐哈尔甘南县和富拉尔基畜牧研究所试验田、黑龙江省农业科学院草地研究所试验田、牡丹江等地都有褐斑病的发生，但各地发生情况不尽相同。其中，肇州、肇源、北安、五大连池、黑龙江省农业科学院草地研究所试验田、齐齐哈尔富拉尔基畜牧研究所试验田等地发病率达到50%以上，一茬草刈割较晚时距地面50cm叶片基本全部脱落，二茬草在生长前中期受褐斑病侵染及为害较轻。

因为褐斑病在培养过程中对培养基要求较高且不易培养成功，所以在对其进行鉴定时一般通过形态学鉴定和制片镜检即可确定，如彩插图7－28所示。

2. 苜蓿匍柄霉叶斑病

苜蓿匍柄霉叶斑病病斑呈卵圆形，稍凹陷，淡褐色，向边缘呈扩散状暗褐色环带，病斑外围有一淡黄色晕圈，随病斑扩大，出现同心环纹，并可占据一片小叶的大部分。病害严重时，最终可引起叶片变黄并提早脱落。

调查结果表明，在杜尔伯特蒙古族自治县、绿色草原、齐齐哈尔甘南县、哈尔滨黑龙江农科院草地研究所试验田苜蓿匍柄霉叶斑病发病较严重且危害程度较大，被侵染植株叶片病斑较大，后期连成片，如彩插图7－29所示。

3. 苜蓿小光壳叶斑病

苜蓿小光壳叶斑病因病斑中央多为灰白色，故又称为"灰星病"，主要危害幼嫩叶片，也侵染叶柄和老叶。叶部症状随环境和叶片的生理状况而变化。病斑初起小形，黑色，保持"胡椒斑"状，或扩大成直径1～3mm的"眼斑"。病斑中央淡褐色至黄褐色，有暗褐色边缘，常有一个褪色绿区环绕，如彩插图7－30所示。当条件有利于侵染时，随植株迅速生长，病害同时发展，病斑扩大，汇合成一片黄化的叶区。在这样条件下，叶片常枯死，并在短期内仍附挂在枝条上，直至被风吹落或刈割时碰落。

调查结果表明，肇州永乐、银浪牧场、绿色草原、五大连池等地有该病发生，发病率较高但为害程度不太严重。

（二）局部地区为害较重病害种类、分布及为害

调查发现，苜蓿镰刀菌根腐病、花叶病、轮斑病、霜霉病、锈病分布在局部地区且产生较为严重的为害。

1. 苜蓿镰刀菌根腐病

此病主要侵染根部，发病初期根部产生水渍状褐色坏死斑，严重时整个根内部腐烂，仅残留纤维状维管束，病部呈褐色或红褐色，如彩插图7－31（上）所示。湿度大时，根茎表面产生白色霉层，即为分生孢子。根部腐烂

病株易从土中拔起。发病植株随病害发展，地上部生长不良，叶片由外向里逐渐变黄，最后整株枯死。

调查结果表明，该病害在大庆齐家种子田和永乐有分布，虽然发病率较低，但其破坏牧草根系，对苜蓿草为害较严重，需引起农牧民的高度重视。

苜蓿镰刀菌根腐病又称镰孢根腐病，属半知菌亚门真菌。菌落初为白色，后渐变为桃红色。病菌产生 2 种类型的分生孢子，如彩插图 7 - 31（下）所示。大型分生孢子镰刀形，多细胞，有 3 个隔膜，具明显脚胞，大小为（28.9 ~ 42.1）μm ×（4.6 ~ 6.2）μm，可产生厚垣孢子；小型分生孢子单胞，无色，椭圆形或纺锤形，偶有 1 分隔，大小为（9.2 ~ 14.5）μm ×（5.2 × 5.9）μm。

2. 苜蓿花叶病

叶部症状有淡绿或黄化的斑驳（花叶），叶或叶柄扭曲变形，枝茎矮化，如彩插图 7 - 32 所示。据报道，苜蓿花叶病毒的感染可导致苜蓿植株受干旱或霜冻的危害。

调查结果表明，在齐齐哈尔甘南县和大庆肇源有花叶病的发生，在以上地点发病率达 30% 左右。

苜蓿花叶病是由苜蓿花叶病毒（AMV）引起的苜蓿病害，病毒由多成分粒体组成，有 4 种。长形或杆菌状，直径为 18μm，长度分别为 58μm（下层组分）、49μm（中层组分）、38μm（上层 b 组分）、29μm（上层 a 组分）；另一种为近球形体，直径为 18 ~ 20μm。单链 RNA 总含量为 18%。该病毒的致死温度为 60 ~ 65℃；稀释限点为 $10^3 ~ 10^5$；体外存活期 2 ~ 4d。经鉴定，不同于真菌引起病害，通常通过形态学鉴定即可确认。

3. 苜蓿轮斑病

苜蓿轮斑病危害植株叶、茎。病变初期先生出黄绿色小病斑，后扩展为圆形、椭圆形或不规则形褐色大病斑，由叶尖向下呈"V"形枯死，病斑具明显的同心轮纹，后期病斑中间变成灰白色，湿度大时出现呈轮纹状排列的黑色小粒点，即病原菌的子实体，枯死部分生有黑褐色水浸状大斑，具有不明显同心轮纹，如彩插图 7 - 33（上）所示。

调查结果表明，在黑龙江八一农垦大学实验田有该病害发生。资料显示，2011—2012 年在大庆市大同区、龙凤区、肇洲县、杜蒙县等地也有该病发生，发病率在 10% 左右。

该病是由属半知菌亚门丝孢目暗色孢科匍柄霉属的苜蓿匍柄霉（*Stemphy LLiumbotryosum*）诱发引起的，分生孢子梗单生或簇生，直或向一侧弯曲，浅褐色, 有分隔。分生孢子一般有 1~3 个纵隔膜, 中横隔处略缢陷, 具微疣或小刺, 分生孢子大小为 (27~42) μm × (24~30) μm, 如彩插图 7-33 (下) 所示。

4. 苜蓿霜霉病

感病植株叶面出现褪绿斑, 病斑形状不规则, 无明显边缘, 叶背出现灰色或淡紫褐色的霉层。叶片多向下卷曲, 以嫩枝、嫩叶症状明显, 病株茎秆扭曲, 变粗, 节间缩短, 全株褪绿, 如彩插图 7-34 (上) 所示。重病株花序不能形成或发育不良, 大量落花落荚。

苜蓿霜霉病是冷凉潮湿地区的病害, 在黑龙江分布也不例外。调查结果表明, 在黑河、五大连池、牡丹江、肇洲等地有此病发生, 尤其在水淹后该病发生严重, 发病率达 80% 左右。

引发苜蓿霜霉病的苜蓿霜霉菌属于鞭毛菌亚门系严格寄生菌, 在人工培养基上不能培养, 因此在鉴定过程中通常采用形态学鉴定和制片镜检方式进行。菌丝体无隔, 在寄主细胞间蔓延, 分生孢子梗由气孔向外生出, 单生或数根丛生, 上部二叉分支 4~7 次, 呈树状, 无色透明, 大小为 (192~432) μm × (8~10) μm, 最末分支短小, 呈直角状伸出, 分支末端着生分生孢子。分生孢子球形或椭圆形, 无色或淡黄褐色, 单胞, 表面光滑, 无明显凸起, 大小为 (15~37) μm × (9~17) μm, 如彩插图 7-34 (下) 所示。

5. 苜蓿锈病

苜蓿锈病是世界上苜蓿种植区普遍发生的病害之一, 但在这次调查过程并没发现大面积发生或区域发生, 只在大庆绿色草原和八一农大试验田发现有该病害发生, 发病率不高于 5%, 但未来发生的可能性极大, 因此需引起广大农牧民的高度重视。

苜蓿锈病由条纹单孢锈菌 (*Uromyces striatus* Schroet.) 诱发, 属于严格寄生菌, 在人工培养基上无法培养, 因此通常采用形态学鉴定和制片镜检方式进行鉴定。

(三) 分布较广但为害较轻的病害种类、分布及为害

调查发现, 苜蓿壳针孢叶斑病、苜蓿春季黑茎与叶斑病、苜蓿尾孢叶斑病、炭疽病等病害虽然分布范围较广, 但其对苜蓿田的为害较轻。

1. 苜蓿壳针孢叶斑病

苜蓿壳针孢叶斑病又名斑枯病, 病斑主要发生于叶片上, 开始为近圆形的褐色小斑, 以后随病斑扩大, 逐渐变为灰白色至近白色, 形状呈不规则圆

形，大小为 2~4mm。病斑上有不整齐的褐色环纹，散生许多黑褐色小点，即病原菌的分生孢子器，如彩插图 7-36 所示。

调查结果表明，该病在齐齐哈尔甘南县、富拉尔基畜牧研究所试验田、大庆绿色草原、肇东、五大连池、牡丹江等地均有不同程度的发生，但整体发病率较低，危害程度较低。

2. 苜蓿炭疽病

病斑出现于植株的各部位，但以茎秆上常见。在抗病植株的茎上，有少数小的、不规则形状的黑色斑，在感病植株的茎上，出现大的卵圆形或菱形病斑。叶部病斑初为黄褐色微凸小点，后扩展为长圆形或近圆形病斑，其上出现黑色小点，如彩插图 7-37 所示，即病菌的分生孢子盘，用放大镜很容易看到。当病斑扩大时，相互汇合，环茎 1 周。同一病株内常有 1 至几个枝条枯死。病斑上产生许多黑点，为病菌的分生孢子盘。

调查结果表明，炭疽病常与其他苜蓿茎部病害伴随发生，分布较广，但因主要破坏苜蓿草茎秆，所以危害程度较低。

三、结论

2013 年黑龙江全省大部分地区降水丰沛，温度适中，为苜蓿病害发生创造了适宜的水热条件，致使紫花苜蓿病害发生情况较往年严重。通过对黑龙江省几大紫花苜蓿种植区的病害田间调查和室内病原菌鉴定，最后确定了 12 种常见苜蓿病害，基本明确了黑龙江省紫花苜蓿病害的发生种类、分布，为害程度，为黑龙江省紫花苜蓿病害调查研究积累了大量的原始数据和资料，同时为大田生产中苜蓿病害防治提出了技术指导意见，达到了调查的预期目的和试验设计要求。

第五节　感病苜蓿表观症状的图像采集及辨析

一、材料与方法

在黑龙江省大庆地区、绥化地区随机调查了近千亩的紫花苜蓿生产田，以大田发病苜蓿为研究对象，用高像素数码相机进行表观拍照，部分材料通过显微镜放大取像，获取苜蓿病灶表观图像，以苜蓿病害图像为素材，对苜蓿病害的表观症状进行分析，总结出苜蓿病害的基本特征和属性。

二、结果与分析

（一）苜蓿根腐病表观特征分析

当苜蓿染上根腐病后，主根产生水渍状深褐色坏死斑。根部表面产生白色霉层，即分生孢子。病斑不严重者，病灶多不规则地分布于主根上，侧根上病斑一般较少。病斑严重者在苜蓿主根上基本呈现环绕状态。苜蓿根部害病部位根表皮坏死，病斑处根毛脱落。用指甲按压根部病斑有少量浑浊液溢出，如彩插图 7 - 38 所示。

（二）苜蓿褐斑病表观特征分析

苜蓿褐斑病发病时，叶片出现不规则球形病斑，菌斑表面出现白色绒状物，即未成熟子囊盘；病情发展后，病斑呈馒头状，病斑正面为棕色或棕褐色。背面黑褐色，绒状物消失，出现棕色或棕褐色的小凸起，即成熟子囊盘。叶上病斑如"碳化点"，深黑褐色，病斑大小不一，多呈群落状分布，或有点线状组合，病斑边缘不齐整，无整齐圆弧。茎上病斑长形，黑褐色，边缘整齐。病斑多半先发生于下部叶片和茎上，感病叶片很快变黄，脱落，如彩插图 7 - 39 所示。

（三）苜蓿花叶病表观特征分析

受到花叶病侵害的苜蓿叶上出现黄色或淡绿色斑驳，也称花叶。有的叶或叶柄因受到病害而扭曲变形，造成病株茎秆矮化。花叶病病斑多是在叶片上顺着叶脉放射状分布，害病部分失绿并基本黄化，而叶脉还或多或少残存着绿色，如彩插图 7 - 40 所示。

（四）苜蓿黄斑病表观特征分析

植株感染黄斑病初期出现在叶片正面，沿叶脉分布，集中成一小片，或小黑点群，这些小黑点即病原菌无性时期的分生孢子器。在小黑点集中的部位，叶色稍变淡，随后转为褐色、黑褐色的较大型枯斑。病斑无明显边缘，多为沿叶脉的较宽条斑或略呈圆形的。病斑外缘颜色相较病斑内部颜色较浅，害病叶可导致病叶干枯卷缩，容易导致大量病叶脱落，如彩插图 7 - 41 所示。

（五）苜蓿壳针孢叶斑病表观特征分析

壳针孢叶斑病发生于叶片上，病斑为白色或乳白色，近圆形。病斑上有 2 ~ 3 环褐色回形环纹，最内部环纹近圆形，外部环纹多不规则，并且病斑上有黑色点状物，即分生孢子器。植株染病后，靠近病斑部分叶片失绿，随病情加深叶片染病部枯萎，完全丧失光合能力，如彩插图 7 - 42 所示。

（六）苜蓿匍柄霉叶斑病表观特征分析

病斑呈卵圆形，稍凹陷，淡褐色，向边缘呈扩散状暗褐色环带，病斑外围有一淡黄色晕圈，随病斑扩大，出现同心环纹，并可占据一片小叶的大部分。病叶上有黑色小点（病原菌分生孢子）。湿度较大时，分生孢子大量形成，病斑转为黑色，病叶褪绿，继而坏死脱落，如彩插图7-43所示。

（七）苜蓿霜霉病表观特征分析

叶片上出现不规则形的褪绿斑，淡绿色或黄绿色，病斑边缘不清晰，随病斑的扩大或汇合，以至整片小叶呈黄绿色，叶缘向下方卷曲。叶片背面出现淡紫褐色斑点，即病菌的子实体。病情严重时，叶片全部失绿，枯死。潮湿时叶背出现灰白色至淡紫色霉层，即病原菌的分生孢子梗和分生孢子（又称孢子囊梗和孢子囊）。感病植株也可出现系统性症状，全株褪绿矮化，茎变短，扭曲畸形。重病株不能形成花序或发育不良，大量落花、落荚，如彩插图7-44所示。

（八）苜蓿炭疽病表观特征分析

炭疽病病斑主要发生于苜蓿茎部。病斑呈较大的卵形或条形，病斑呈黄褐色，边缘呈黑褐色。病斑上出现黑色小点，为病菌的分生孢子盘。随着病情加重，病斑扩大，相互融合，环茎一周，受病植株枯萎。炭疽病最严重的症状是青黑色的根茎腐烂。茎基部是青黑色并断掉，在死枝条上部看不见病斑，这是炭疽病的特征，如彩插图7-45所示。

（九）苜蓿小光壳叶斑病表观特征分析

苜蓿感染小光壳叶斑病后，叶表面具有大量小圆病斑，病斑初起小形，保持"胡椒斑"状，病斑呈褐色，病斑中央淡褐色或黄褐色，有暗褐色边缘，或扩大成直径1~3mm的"眼斑"。所以小光壳叶斑病又称为"灰星病"。植株患病后，病斑逐渐扩大，病斑汇合使叶片黄化，造成叶片枯死，如彩插图7-46所示。

（十）苜蓿锈病表观特征分析

苜蓿感染锈病后，叶片两面，主要在叶下面以及叶柄、茎等部位出现小的褪绿斑，随后隆起呈疣瘤状，圆形，暗灰绿色，最后表皮破裂，露出棕红色或铁锈色粉末。这些疱状斑即是锈病的夏孢子堆和冬孢子堆，其粉状物是夏孢子和冬孢子。夏孢子堆肉桂色，冬孢子堆暗褐色。当苜蓿锈病的冬孢子萌发时，产生担孢子侵染大戟属的乳浆大戟或柏大戟等，使之产生系统性症状，植株变黄，矮化，叶形变短宽，有时枝条畸形或偶见徒长，病株呈帚状。叶片上初生蜜黄色小点，随后叶片下面密布杯状凸起锈子器，由此散出的黄色粉末即是将侵染苜蓿的锈孢子，如彩插图7－47所示。

（十一）苜蓿白粉病表观特征分析

病株叶片两面、茎部、叶柄和荚果上有一层白色雾层，似蛛网丝状。最早出现小圆形，由于病情加重，可逐渐扩大直至覆盖全叶，发病后期产生分生孢子，病斑呈白粉状，直至末期霉层呈淡褐色或灰色，同时有橙黄色或黑色小点出现，即病原菌的闭囊壳，如彩插图7－48所示。

白色霉状斑，初期病斑小而呈圆形，后扩大并互相汇合，以致覆盖叶片大部至整片小叶。由豆科内丝白粉菌引起的主要发生于叶片背面，当病斑占据叶片大部时，霉层增厚呈绒毡状。严重发病后期，苜蓿叶片基本不见绿叶表面，宏观上均为白色粉状物所覆盖，如彩插图7－49所示。

三、结论

研究结果表明，地上苜蓿病害大部分在发生时首先侵害植株叶片部分。茎秆发病数量和侵害程度相对较低。叶部病灶严重而明显，病斑颜色多为乳白色、黄褐色、黑褐色、浅灰色、黄色。随着感病时间增加，一般病斑会有不同程度"同心圆状"向外扩展，病灶孢子体成熟并开始发散。发病苜蓿叶片形态上一般会发生皱褶，严重者卷曲，整体叶片相对枯黄，缺少叶绿素。病斑多数不均匀分布在叶片上。患病植株大多矮小，叶片枯黄、坏死。

根腐病：当苜蓿染上根腐病后，主根产生水渍状深褐色坏死斑。根部表面产生白色霉层（分生孢子）。病斑不严重者，病灶多不规则地分布于主根上，侧根上病斑一般较少。苜蓿根部害病部位根表皮坏死，病斑处根毛脱落。

褐斑病：不规则球形病斑，菌病斑表面出现白色绒状物，即未成熟子囊盘；病情发展后，病斑呈馒头状，病斑正面为棕色或棕褐色。被面黑褐色，绒状物消失，出现棕色或棕褐色的小凸起，即成熟子囊盘。叶上病斑如"碳化点"，深黑褐色，病斑大小不一，多呈群落状分布，或有点线状组合，病斑边缘不齐整，无整齐圆弧。

花叶病：花叶病病斑多是在叶片上顺着叶脉放射状分布，害病部分失绿并基本黄化，而叶脉还或多或少残存着绿色。

黄斑病：黄斑病初期在叶片正面出现并沿叶脉分布，集中成一小片，或小黑点群，这些小黑点即病原菌无性时期的分生孢子器。在小黑点集中的部位，叶色稍变淡，随后转为褐色、黑褐色的较大型枯斑。病斑无明显边缘，多为沿叶脉的较宽条斑或略呈圆形。

壳针孢叶斑病：病斑为白色或乳白色近圆形。病斑上有 2 ~ 3 环褐色回形环纹，最内部环纹近圆形，外部环纹多不规则，并且病斑上有黑色点状物，即分生孢子器。

匍匐霉叶斑病：病斑卵圆形，稍凹陷，淡褐色，向边缘呈扩散状暗褐色环带，病斑外围有一淡黄色晕圈，随病斑扩大，出现同心环纹，并可占据一片小叶的大部分。

霜霉病：叶片上出现不规则形的褪绿斑，淡绿色或黄绿色，病斑边缘不清晰，随病斑的扩大或汇合，以至整片小叶呈黄绿色，叶缘向下方卷曲。叶片背面出现淡紫褐色斑点，即病菌的子实体。潮湿时叶背出现灰白色至淡紫色霉层，即病原菌的分生孢子梗和分生孢子（又称孢子囊梗和孢子囊）。

炭疽病：在植株茎部病斑呈较大的卵形或条形，病斑呈黄褐色，边缘呈黑褐色。病斑上出现黑色小点，为病菌的分生孢子盘。随着病情加重，病斑扩大，相互融合，环茎一周。

小光壳叶斑病：小圆病斑，病斑初起小形，保持"胡椒斑"状，病斑呈褐色，病斑中央淡褐色至黄褐色，有暗褐色边缘，或扩大成直径 1 ~ 3mm 的"眼斑"。

锈病：苜蓿感染锈病后，叶片两面，主要在叶下面以及叶柄、茎等部位出现小的褪绿斑，随后隆起呈疣瘤状，圆形突兀，暗灰绿色，最后表皮破裂，露出棕红色或铁锈色粉末。

白粉病：病株叶片两面、茎部、叶柄和荚果上有一层白色雾层，似蛛网丝状。白色霉状斑，初期病斑小而呈圆形，后扩大并互相汇合，以致覆盖叶片大部至整片小叶。当病斑占据叶片大部时，霉层增厚呈绒毡状。

第六节　苜蓿根腐病病原菌孢子萌发特性的研究

一、实验材料与方法

（一）材料

从大庆周边采集苜蓿根腐病病株，采用 PDA 培养基常规的方法进行组织分离纯化获得纯种菌，移入试管斜面 4°保存。实验材料有不同培养基 PDA、酵母浸高、V8、苜蓿液、恒温培养箱多个、培养皿数个、青霉素链霉素少量、打孔器、接种针、镊子、酒精灯等。

（二）实验方法

1. 病原菌的接种与培养

（1）取出保存的病原菌，接种到 10 个 PDA 培养基上，作为转接的原菌。待 5d 左右进行转接。

（2）配制五种不同的培养基，PDA、酵母浸高、V8、苜蓿液培养基，121℃高压灭菌 30min，待培养液温度 50~65℃时倒培养皿，每种 15 个，分三组，每组 5 个。共 75 个。

（3）取出步骤 1 中准备的接种菌，用打孔器打出 7mm 直径的菌柄，在无菌操作条件下接种到培养基上。在 25℃下培养，连续光照标号 1、连续黑暗标号 2、光照黑暗交替 12h 标号 3。

（4）从第二天起开始测量菌落生长，直到第 6d 为止。

（5）菌落生长量测定和产孢量。

2. 不同温度湿度下孢子萌发率的测定

（1）致死温度的测定。将孢子悬浮液装入 1.5cm×10cm 灭菌试管中，每管 5ml，分别置于 40℃、45℃、50℃、55℃、60℃、65℃恒温水浴锅中分别处理 5min、10min、15min、20min、25min、30min、35min 后冷却，将孢子悬浮液滴于载玻片上保湿培养，放入恒温培养箱内 5h 后通过显微镜观察孢子萌发率。

（2）湿度对孢子萌发的影响的测定。取实验中在不同条件下生长的菌落制成孢子悬浮液，在干燥的培养皿中加入不同浓度的 65%、70%、75%、80%、85%、90%、95%、97%、100% 甘油浸泡的脱脂棉，将孢子悬浮液滴于双凹载玻片，放入恒温培养箱中 25℃ 5h，观察孢子萌发。

二、实验结果

1. 实验分离出的菌种分类（彩插图 7–49）。

真菌界、无性型真菌门、半知菌纲、壳霉目、杯霉科、尖镰孢菌属。

2. 5 种培养基在控制光照条件下的生长率及孢子产量

根据表 7–5，经过 SPSS 分析不同光照处理的相同的培养基产孢量无显著差异，光照不影响根腐病尖镰孢的产孢，培养基中 PDA 与其他 4 种有显著差异，燕麦培养基与其余四种有显著差异，酵母浸膏、V8、苜蓿液无显著差异。

表 7 – 5　五种培养基在控制光照条件下的生长率及孢子产量

Tab. 7 – 5　Under different culture conditions of medium sporulation

培养基	1 组（连续光照）	2 组（连续暗处）	3 组（12h 调换）
PDA 培养基	1.033×10^6	1.0021×10^6	0.9986×10^6
酵母浸膏培养基	0.0794×10^6	0.0803×10^6	0.0845×10^6
V8 培养基	0.0673×10^6	0.0602×10^6	0.0596×10^6
苜蓿液培养基	0.0783×10^6	0.0802×10^6	0.0758×10^6
燕麦培养基	0.0251×10^6	0.0304×10^6	0.0271×10^6

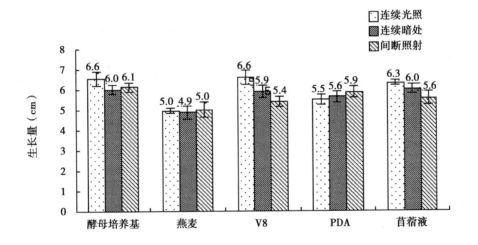

图 7 – 7　不同光照条件和不同培养基下产孢量

Fig. 7 – 7　The different culture medium under different light conditions of colony growth

根据图 7 – 7 和表 7 – 5 可以得出光照对表明镰刀形根腐腔隔菌无影响。不同培养基条件下 PDA 培养基生长相对最好，苜蓿液培养基 V8 次之，燕麦培养基影响菌丝的生长和产孢量。光照对镰刀根腐病原菌的产孢量和菌丝体的生长没有影响，差异不显著。

3. 致死温度的测定

由图 7 – 8 可知，根据设置的温度梯度 5℃ 一个所测得的数据，在水温 40℃ 下处理 5min、10min、15min、20min、25min、30min，孢子的萌发率分别为 40%、37.6%、26.5%、13.2%、5%、4.8%。在 45℃ 下处理 5min、10min、15min、20min、25min、30min 萌发率为 9%、8%、7.3%、6.1%、

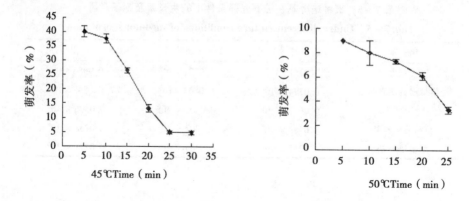

图 7 - 8　相同温度下不同时间孢子萌发率

Fig. 7 - 8　The germination rate of different processing time
under the same temperature

3.3%、1.8%，而 55℃ 处理 10min 以上和 60℃ 处理 5min 以上均不能萌发，说明该菌的致死温度为 55℃。

4. 湿度对孢子萌发的影响

根据图 7 - 9 可知，尖镰孢孢子在相对湿度 70% 的条件下萌发个数非常

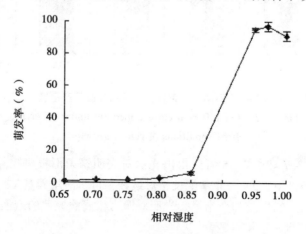

图 7 - 9　不同湿度下孢子萌发率

Fig. 7 - 9　The spore germination rate under different temperature

少，几乎不能萌发。在相对湿度 85% 以上时，开始大幅度增加萌发率，分别为 4% ~ 6%、80% ~ 85%、90% ~ 93%、96% ~ 97%、91% ~ 93%，因

此，该菌的孢子萌发的最适湿度为 95% ~ 97%，此时萌发率最高。

三、结果与讨论

随着畜牧业发展对牧草的品质和产量的要求越发增加，对影响牧草品质因素的研究日益深入，牧草改良是提高牧草品质最显著的方式，但国内改良品种相对较少，所以多通过减少病害来提高产量和品质。根据学者黄丽霞的苜蓿病害研究进展为参考，因地域不同引起根腐病的原因可能存在差异，加之对根腐病研究欠缺，据笔者在对大庆周边苜蓿病株的采集分离培养，不同培养基下，除燕麦培养基外其余的各种培养基均可以生长，PDA 与燕麦其余三种差异显著（$P < 0.05$），燕麦培养基菌丝体不能产生。光照对苜蓿根腐病病原菌的生长、孢子产量、孢子萌发没有影响。湿度对孢子的萌发和菌丝体的生长影响明显，在低于 75% 下几乎不能萌发，这与王多成老师根腐病研究进展的结果相一致，也与崔国文老师的苜蓿病害研究进展得出的土壤湿度是诱发根腐病的主要原因，在 95% ~ 97% 湿度下萌发率高、发病率高一致。因此，在持续雨天下应注意病害的防治控制，根腐病对苜蓿产量的提升还有待进一步的研究实践。

第八章　黑龙江省苜蓿主要病害防治技术

第一节　不同药剂对尖镰孢抑制效果研究

一、材料与方法

（一）材料

供试菌株：苜蓿根腐病尖镰孢

供试农药：70%可湿性粉剂（上海华泰农药有限公司），mancozeb；70%可湿性粉剂（TOPSIN-M70% WP，日本曹达株式会社），甲基硫菌灵；15%可湿性粉剂（山东神星农药有限公司），15%三唑酮；≥48粉剂（重庆江津市立地化工厂）。

（二）仪器设备

电子天平（沈阳龙腾电子有限公司）、生物培养箱（上海博迅实业有限公司医疗设备厂）、培养箱、移液管、接种器、打孔器、游标卡尺、注射器等。

（三）试验方法

1. 尖镰孢分离培养

培养PDA培养基：量取46g马铃薯葡萄糖琼脂（PDA）放入1 000ml蒸馏水中，加热时要不断地搅拌，并均匀地倒入3个锥形瓶中。准备好要用到的工具及培养皿且用报纸包起来，同时放入灭菌箱中，温度121℃，20min。

每一个培养皿中都用注射器抽取30ml的培养液，待培养液凝固时，再用手术刀把洗净的苜蓿根切成同样大小的薄片，再用灭了菌的镊子把小块苜蓿根放入培养基中，用薄膜胶带密封好培养皿，放入28℃的培养箱中进行培养。

2. 药剂的配置

代森锰锌、波尔多液、甲基托布津、三唑酮这4种药剂分别设置了

2 500倍液、2 000倍液、1 500倍液、1 000倍液、500 倍液这 5 个系列的质量浓度梯度、1 个对照实验、3 个重复（表 8 - 1）。

表 8 - 1　4 种药剂在不同梯度下的质量

Tab. 8 - 1　The quality of the four kinds of agents under different gradient

药剂	2 500 倍	2 000 倍	1 500 倍	1 000 倍	500 倍	对照
代森锰锌	0.036	0.046	0.06	0.09	0.18	0
甲基托布津	0.036	0.045	0.059	0.089	0.179	0
三唑酮	0.035	0.045	0.06	0.091	0.18	0
波尔多液	0.036	0.045	0.061	0.09	0.181	0

3. 药剂处理、接种

因 1 000ml 的蒸馏水需要 46g PDA 培养基，而本次试验约需要 2 500ml 的 PDA，则需要量取 115g PDA。将 115g 的 PDA 与 2 500ml 的蒸馏水加热，并充分混匀，均匀地倒入 7 个锥形瓶中，并放入 2 个盛有蒸馏水的锥形瓶。同时用报纸包好约 70 个培养皿，以及接种器等工具放入灭菌箱中，温度 121℃，20min。

在无菌操作下，根据试验处理用一次性注射器抽取 90ml 预先融化的灭菌培养基，加入无菌锥形瓶中，从质量浓度 2 500倍到稀释 500 倍的次序依次定量吸取药液，分别加入锥形瓶中，充分摇匀。然后再用注射器抽取，并等量地倒入直径为 9cm 的培养皿中，制成 4 种不同浓度的含药平板。同时试验设不含药剂的处理做空白对照。每个处理设置 3 个重复。在无菌条件下将培养好的尖镰孢用灭菌打孔器，自菌落边缘切去菌饼，再用接种器将菌饼接种于含药平板中央，菌丝面朝上，在 28℃下的培养箱中进行培养。

4. 计算方法

根据调查结果，按公式（1）、式（2）计算各处理浓度的菌丝生长抑制率，单位为百分率（%），计算结果保留小数点后两位。

$$D = D_1 - D_2 \tag{1}$$

式中：D——菌落增长直径；

D_1——菌落直径；

D_2——菌饼直径（约 2mm）；

$$I = \frac{D_0 - D_t}{D_0} \times 100\% \tag{2}$$

I——菌丝生长抑制率；

D_0——空白对照菌落增长直径；

Dt——药剂处理菌落增长直径

二、结果与分析

根据空白对照培养皿中菌的生长情况调查尖镰孢菌丝生长情况。用游标卡尺测量菌落直径，单位为毫米（mm）。每个菌落用十字交叉法垂直测量直径各一次，取其平均值。

（一）4 种药剂在同一时间对尖镰孢抑制效果的对照

由图 8 − 1 可知，尖镰孢在不同浓度梯度下菌落的大小具有一定的差异。菌落的半径随着稀释倍数的增加而增大，这说明浓度越大对尖镰孢生长的抑制作用越强。

（二）4 种药剂在五种不同稀释浓度下对尖镰孢生长的影响

根据表 8 − 2 可知，尖镰孢在 4 种药剂不同浓度处理下的生长长度具有一定差异。不同药剂处理的尖镰孢长度都比对照组尖镰孢长度短，并且具有一定差异。4 种药剂在稀释 500 倍时的尖镰孢的长度最短，分别为 7.34mm、2.90mm、12.42mm、17.55mm，并且甲基托布津对尖镰孢的抑制效果最好，长度为 2.90mm。尖镰孢的生长长度随着稀释浓度的增加而增长，即对尖镰孢的生长长度抑制效果越来越弱。

表 8 − 2　4 种药剂在第三天时对五种不同质量梯度尖镰孢长度的影响

Tab. 8 − 2　Four kinds of agents in the third days impact on quality of five different gradient pathogen length

药剂	2 500 倍	2 000 倍	1 500 倍	1 000 倍	500 倍	对照
代森锰锌	16.86	16.12	14.51	12.96	7.34	
甲基托布津	4.02	3.56	3.28	3.08	2.90	
三唑酮	19.12	18.02	17.06	15.32	12.42	20.90
波尔多液	19.12	18.41	18.29	17.96	17.55	

（三）4 种药剂对苣蓿根腐病菌丝生长抑制率

根据图 8 − 2 可知，经过 10d 的恒温培养，4 种药剂稀释浓度越高，菌落直径越长则抑制效果越弱。甲基托布津效果虽然很明显，但与其他 3 种药剂差距显著，可能在实验中存在一定的误差。而其他 3 种药剂，同一浓度

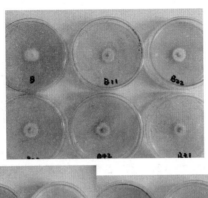

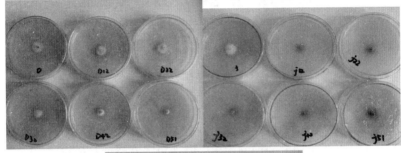

图 8-1　4 种药剂对尖镰孢抑制效果

Fig. 8-1　Four kinds of medicament to pathogenic bacteria inhibition effect

注：B 波尔多液、D 代森锰锌、J 甲基托布津、S 三唑酮；从左至右，从上到下是对照组；4 种药剂浓度稀释 2 500 倍、2 000 倍、1 500 倍、1 000 倍、500 倍。

时，代森锰锌抑制效果最强、跨度也较大。在稀释 500 倍、1 000 倍的质量浓度时，代森锰锌抑制率为 64.26%，波尔多液抑制率为 24.05%，三唑酮的抑制率处于二者之间。在 1 500 倍、2 000 倍、2 500 倍的质量浓度时代森锰锌抑制率最强，三唑酮抑制效果最弱。

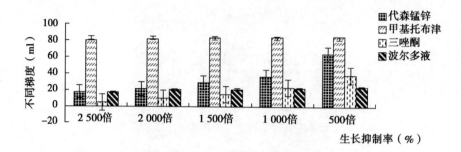

图 8 − 2　4 种药剂对苜蓿根腐病菌丝生长抑制率

Fig. 8 − 2　Four kinds of insecticides on alfalfa root rot mycelial growth inhibition rate

三、讨论和结论

(一) 讨论

通过前人的研究结果可以知道，测量不同杀菌剂对杨树烂皮病菌金黄壳囊孢菌丝生长和孢子萌发的抑制作用，筛选出了有效抑制杨树烂皮的高效杀菌剂。主要结果：抑制菌丝生长试验发现，吡唑醚菌酯和嘧菌酯 EC50 的用药量最小，浓度 5μg/ml 时抑菌率达到 90% 以上，效果最好；而甲基托布津的 EC50 量最大，效果最不明显。抑制孢子萌发试验发现，唑醚酯和嘧菌酯的抑制孢子萌发效果最好，甲基托布津效果最差，与抑制菌丝实验结果一致。再结合本实验的结果可以得到甲基托布津对不同的菌剂有不同的抑制效果。

(二) 结论

不同药剂对尖镰孢生长长度的抑制效果具有不同的影响，并且同种药剂不同浓度对尖镰孢生长长度的抑制效果也具有一定的差异。

相同浓度下，甲基托布津比代森锰锌、波尔多液、三唑酮对尖镰孢菌长的抑制效果更明显，这说明甲基托布津的应用价值更大。

同种药剂在不同浓度下对尖镰孢菌长的抑制效果不同，500 倍稀释液下的菌长最短，这说明 500 倍是药剂使用的最佳浓度。

综上所述，甲基托布津在 500 倍稀释下对尖镰孢菌长的抑制效果最佳，这说明甲基托布津在苜蓿根腐病尖镰孢方面有较高的应用价值。

第二节　紫花苜蓿茎叶部常见病害药剂防治技术

一、材料与方法

(一) 供试材料

供试药剂有三唑酮、进口多菌灵、甲基托布津。茎叶喷药处理的供试紫花苜蓿（*Medicago sativa L*）共 5 个品种，分别是黑龙江肇东苜蓿、龙牧 801 苜蓿、内蒙古敖汉苜蓿、美国金皇后苜蓿、美国驯鹿苜蓿。处理样地有大庆银螺乳业苜蓿草基地、杜蒙县远方草业有限公司苜蓿草基地、黑龙江八一农垦大学草业科学系苜蓿试验田，每处设置喷施药剂处理样地为 1hm²。

(二) 样地概况

3 处试验样地均位于黑龙江省大庆市，地处松嫩平原西部，属中温带大陆性季风气候。光照充足，降水偏少，风旱同期、雨热同季。年平均气温 4.2℃，最冷月平均气温 –18.5℃，极端最低气温 –39.2℃；最热月平均气温 23.3℃，极端最高气温 39.8℃，年均无霜期 143d；年均风速 3.8m/s，年 >16 级风日数为 30d；年降水量为 427.5mm，年蒸发量为 1 635mm，年干燥度为 1.2，大陆度为 78.9；年日照时数为 2 726h，年太阳总辐射量 491.4kJ/cm²。样地地域平坦，平均海拔 146m，土壤以草甸盐碱土和风蚀沙化土为主，试验地土壤 pH 值 7.2 ~ 8.7。

(三) 试验方法

把三唑酮、进口多菌灵、甲基托布津分别以 400 倍液、600 倍液、800 倍液、1 000 倍液、1 200 倍液进行配置，在夏季的 7—8 月的晴天午后，对第二茬营养生长期刚出现病害的紫花苜蓿分期分批液面喷施处理 1 次和处理 2 次（调查发现二茬苜蓿普遍发病严重而广泛，因此针对二茬苜蓿开展病害防治研究更具有典型性、代表性、确定性），液面喷施处理 2 次的间隔时间为 5 ~ 8d，以清水液面喷施苜蓿茎叶处理为对照（CK），随机区组设计，每个处理 3 次重复，经过 15 ~ 20d 同期分别进行田间采样和数据测定。

(四) 观测项目

1. 苜蓿田间发病率

两次喷药处理后，间隔 15 ~ 20d 对每个处理的每试验小区的苜蓿随机调查 50 株，计算苜蓿田间发病率。调查面积为 0.5hm²，划分为 20m × 10m 的采样小区，每小区采用五点取样法，每处理每点取样 50 株，调查统计病株数，根据病情记载标准计算病株率。采用候天爵的苜蓿病害统计方法，即发病率＝感病株数/调查总株数×100%。

2. 苜蓿蛋白质含量

对田间机械收获后的打捆苜蓿干草进行蛋白质含量测定，粗蛋白质采用浓硫酸—双氧水消化—半微量凯氏定氮法测定，进行比对分析，各个不同喷药防治处理的苜蓿干草和 CK 组苜蓿干草的粗蛋白质含量，评价防治措施对苜蓿草品质的影响。

3. 苜蓿干草产量

对田间收获后的打捆苜蓿干草进行称重，测定试验小区各个处理与 CK 处理组的苜蓿干草产量，并对产草量进行比对分析。

4. 苜蓿叶绿素含量

采样测定部位统一为采样植株的中上部叶片，采用乙醇—丙酮混合液浸泡法测定。叶绿素含量（mg/g）＝［OD652/34.5（吸光系数）］×提取液体积（ml）/材料鲜重（g），并进行制图比对分析。

5. 数据统计及分析

用 SPSS20.0 统计分析程序，结合 Excel 办公软件进行图表分析，并对各杀菌药剂不同浓度处理后苜蓿的病害发病率、产草量、蛋白含量、叶绿素含量进行显著性方差分析，综合显著性与图样数据逐一进行结果分析。

二、结果与分析

（一）三种杀菌剂在不同倍性水平下喷施后对苜蓿发病率的影响

1. 两次喷施处理对苜蓿病害防治效果的影响

如以苜蓿病害发病率 30% 为防治临界效应，各药剂在不同倍数水平的水稀释条件下，两次喷施处理后，采样期由图 8 – 3 分析发现，三唑酮 400～1 000 倍液浓度对苜蓿病害均具有较理想防控效果，但以 400～600 倍液喷施处理防病效果更好（$P < 0.05$），进口多菌灵和甲基托布津在 400～600 倍液时对苜蓿病害防治效果较为理想（$P < 0.05$），防治后苜蓿病害发病率均低于 25% 的水平，最好的处理组使苜蓿病害的发病率降低 56% 以上，较差的处理组使苜蓿病害的发病率也降低 52.5%。其他较高倍数稀释的药剂在喷施处理苜蓿后，茎叶部病害发病率明显高于防治临界效应 30%，对苜蓿病害防治效果不甚理想（$P > 0.05$）。

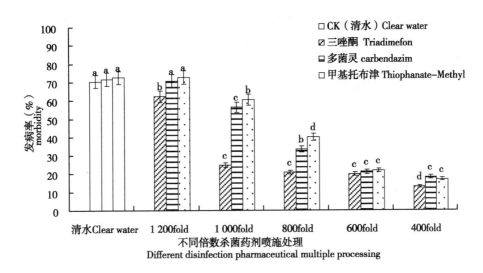

图 8 - 3　两次药剂喷施处理对苜蓿病害发病率的影响

Fig. 8 - 3　Effects of spraying the chemicals twice on the disease incidence of alfalfa

2. 一次喷施处理对苜蓿病害防治效果的影响

同样，如还是以苜蓿病害发病率 30% 为防治临界效应，各药剂在不同倍数水平的水稀释条件下，只进行一次喷施处理，采样期由图 8 - 4 分析则

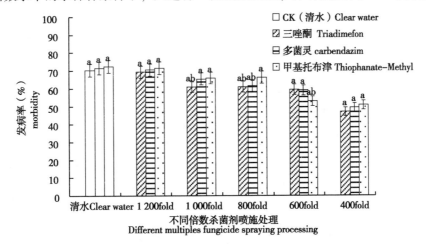

图 8 - 4　一次药剂喷施处理对苜蓿病害发病率的影响

Fig. 8 - 4　Effects of spraying the chemicals once on the

disease incidence of alfalfa

发现，三唑酮、进口多菌灵和甲基托布津在400~1200倍液浓度下对苜蓿病害均没有达到理想防控效果。整体来看，对苜蓿病害防治效果不甚理想（$P > 0.05$）。

（二）三种杀菌剂对病害防治后苜蓿品质的影响

由图8-5可知，三唑酮、进口多菌灵和甲基托布津在400~1 200倍液浓度下对苜蓿病害防治后，经过粗白质含量测定分析，可以看出三种杀菌剂均产生了浓度效应，400~600倍液高浓度处理组相较1 000~1 200倍液低浓度处理组苜蓿粗蛋白质含量产生了显著差异（$P < 0.05$），400倍液高浓度处理组相较清水对照组苜蓿粗蛋白质含量产生了极显著差异（$P < 0.01$）。三种药剂两次喷雾防病处理后，苜蓿草粗蛋白质含量最大差值相对提高了5.37%~7.02%，粗蛋白质含量平均增加了6.19%，使苜蓿草品质得到了明显改善。

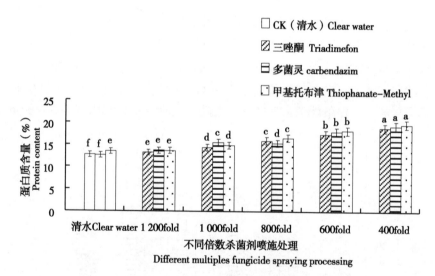

图8-5　两次药剂喷施处理对苜蓿粗蛋白质含量的影响

Fig. 8-5　Effects of spraying the chemicals twice on the protein content of alfalfa

（三）三种杀菌剂对病害防治后苜蓿干草产量的影响

由图8-6可知，三唑酮、进口多菌灵和甲基托布津在400~1 200倍液浓度下对苜蓿病害防治后，经过田间干草产量测定分析，可以看出三种杀菌剂均产生了较好的浓度效应，400~600倍液高浓度处理组相较1 000~1 200倍液低浓度处理组苜蓿干草产量产生了显著差异（$P < 0.05$），400~600倍

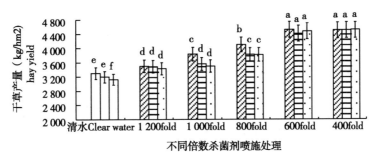

图 8 - 6 两次药剂喷施处理对苜蓿干草产量的影响

Fig. 8 - 6 Effects of spraying the chemicals twice on the grass yield of alfalfa

液高浓度处理组相较清水对照组苜蓿干草产量产生了极显著差异（$P <$ 0.01）。3 种药剂两次喷雾防病处理后，苜蓿干草产量最大差值相对提高了 1 219 ~ 1 388kg/hm^2，产草量平均增加了 1 303.5kg/hm^2。在没有补充施肥、灌溉等外源增产措施下，苜蓿干草产量出现了明显增产现象。可见，适当药剂进行两次喷雾苜蓿病害防治后，苜蓿草生产明显增产。

（四）三种杀菌剂对病害防治后叶绿素含量的影响

由图 8 - 7 可知，三唑酮、进口多菌灵和甲基托布津在 400 ~ 1 200 倍液浓度下对苜蓿病害防治后，经过叶绿素含量测定分析，可以看出三种杀菌剂均产生了较好的浓度效应，三唑酮 400 ~ 1 000 倍液处理组相较 1 200 倍液低浓度处理组、CK 处理组苜蓿中上部叶片叶绿素含量产生了显著差异（$P <$ 0.05），进口多菌灵和甲基托布津 400 ~ 600 倍液高浓度处理组相较 CK 处理组苜蓿叶绿素含量也产生了显著差异（$P < 0.05$）。可见，适当药剂进行两次喷雾苜蓿病害防治后，苜蓿草生育期叶绿素含量得到了明显改善，对苜蓿光合作用起到了积极的保护作用。

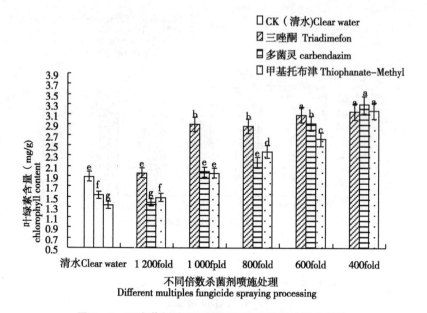

图 8 - 7　两次药剂喷施处理对苜蓿叶绿素含量的影响

Fig. 8 - 7　Effects of spraying the chemicals twice on the chlorophyll content of alfalfa

三、结论与讨论

（一）结论

进口多菌灵 400 ~ 600 倍液，甲基托布津 400 ~ 600 倍液，三锉酮 400 ~ 1 000 倍液，分两次液面药剂喷施方法对苜蓿茎叶部常见病害具有理想的防治效果（$P < 0.05$），并具有明显浓度效应。只进行一次液面药剂喷施方法对苜蓿病害防治效果不甚明显（$P > 0.05$）。苜蓿采取理想浓度药剂防治后，苜蓿发病率降低了 56% 以上，干草产量明显增加，草品质得到显著改善，与严重发病苜蓿相比蛋白质含量提高 6% 以上。

从防治效果看，本研究建议进口多菌灵、甲基托布津、三唑酮 3 种药剂防治苜蓿茎叶部常见病害可以作为常规药物推广使用，以本研究课题获得的研究数据来看，同时从经济环保的理念出发，3 种药剂使用浓度为进口多菌灵 600 倍液、甲基托布津 600 倍液、三唑酮 1 000 倍液最适当。液面喷施方法以两次处理方法较一次喷雾处理方法更具有积极的防治效应。

进口多菌灵、甲基托布津、三唑酮 3 种药剂对苜蓿常见病害小光壳叶斑病、苜蓿褐斑病、苜蓿霜霉病、苜蓿锈病等茎叶部病害均具有广普的防治效果，防病药剂处理组苜蓿叶绿素含量显著增加，有利于苜蓿进行光合物质积累，使苜蓿单位面积平均增产了18%以上，蛋白质含量明显提升（$P <$ 0.05）。

（二）讨论

两次分批茎叶喷雾处理，药剂喷雾间隔时间为5~8d，可以起到对苜蓿病害良好防治的效果。从茬次看，第一茬苜蓿病害普遍发病较轻，第二茬苜蓿草病害发病程度则明显较重，这应该和天气原因有关，此时雨热同季，田间相对湿度几乎达到苜蓿田间生长季的最大值。

苜蓿病害是苜蓿增产增收的严重障碍，更是苜蓿品质下降的直接原因之一。研究苜蓿适宜病害防治技术必然是未来苜蓿生产的热门课题。本研究对"环境友好"评价、"草产品绿色"评价还有待进一步深入研究，以揭示苜蓿防治技术的真正"无公害化"。

参考文献

阿满交力·马合米提.2015. 苜蓿褐斑病的发生与防治 [J]. 农业科技与信息 (17): 76-76.

柏秦凤, 霍治国, 李世奎, 等.2008.1978 年前、后中国 ≥10℃年积温对比 [J]. 应用生态学报, 19 (8): 1 810-1 816.

卞学哲, 张序强.1998. 黑龙江省地貌特征及评价 [J]. 继续教育研究 (2): 20-22.

蔡芷荷, 卢勉飞, 叶青华, 等.2012. 念珠菌显色培养基的应用研究 [C]. 鄂粤微生物学学术年会——湖北省暨武汉微生物学会成立六十年庆祝大会.

曹丽霞, 赵存虎, 等.2006. 紫花苜蓿根腐病病原及防治研究进展 [J]. 内蒙古农业科技 (3): 36-37.

曹丽霞, 赵存虎, 孔庆全, 等.2006. 紫花苜蓿根腐病病原及防治研究进展 [J]. 内蒙古农业科技 (3): 36-37.

曹萌萌, 李俏, 张立友, 等.2014. 黑龙江省积温时空变化及积温带的重新划分 [J]. 中国农业气象, 35 (5): 492-496.

车晋滇.2002. 紫花苜蓿栽培与病虫害防治 [M]. 北京: 中国农业出版社.

陈立亭, 祖世亨, 王育光, 李荣.2001. 黑龙江省农作物结构调整的农业气候依据 [J]. 黑龙江气象 (2): 2-5.

陈申宽.1989. 扎兰屯市柴花苜褐斑病大流行 [J]. 草原与草业 (2).

陈雅君, 崔国文.2001. 黑龙江省紫花苜蓿根腐病调查及病原分离 [J]. 中国草地, 23 (3): 78-79.

陈雅君, 刘学敏, 崔国文, 等.2000. 紫花苜蓿根腐病的研究进展 [J]. 中国草地学报 (1): 51-56.

陈耀, 闵继淳, 肖凤, 等.1989. 新疆苜蓿根腐病研究初报 [J]. 中国草地, (2): 71-73.

陈耀，木合达尔.1987.新疆牧草真菌病害新纪录［J］.八一农学院学报，33（3）：19 – 26.

迟文峰，崔国文，于辉，等.2006.黑龙江省应加强防治的几种紫花苜蓿病害［J］.黑龙江畜牧兽医（5）：47 – 48.

戴声佩，李海亮，罗红霞，等.2014.1960—2011 年华南地区界限温度10℃积温时空变化分析［J］.地理学报（5）.

邓慧平，刘厚凤，祝廷成.1999.松嫩草地40 余年气温、降水变化及其若干影响研究［J］.地理科学，19（3）：220 – 224.

范军.2016.关于黑龙江地区玉米种植相关问题的分析［J］.科技创新与应用（7）：288 – 288

高峰，隋波，孙鸿雁，等.2011.1951—2008 年东北地区冬季气温变化及环流场特征［J］.气象与环境学报，27（4）：12 – 16.

高雅，林慧龙.2015.草业经济在国民经济中的地位、现状及其发展建议［J］.草业学报，1：141 – 157.

桂枝，高建明，袁庆华.2002.我国苜蓿褐斑病研究进展［J］.天津农学院学报，9（4）：37 – 41.

韩俊杰，姜丽霞，温彦春，等.黑龙江省农田土壤养分监测及变化评价［J］.黑龙江气象，2005（4）：16 – 17

韩玉静，杜广明，郭丽，等.2014.黑龙江省紫花苜蓿主要病害调查［J］.黑龙江畜牧兽医（17）.

韩玉静，杜广明，郭丽，等.2014.黑龙江省紫花苜蓿主要病害调查［J］.黑龙江畜牧兽医，9（117）：5.

韩玉静，李国良，杜广明，等.2014.大庆地区紫花苜蓿主要病害调查［J］.黑龙江八一农垦大学学报，26（2）：17 – 22

韩玉静，李国良，杜广明，等.2014.大庆地区紫花苜蓿主要病害调查［N］.黑龙江八一农垦大学学报，26（2）：17 – 22.

韩玉静，刘香萍，杜广明，等.2013.大庆地区紫花苜蓿叶部病害调查和病原菌鉴定［J］.当代畜牧（12）：53 – 55.

黑龙江省垦区气象服务系统.http://www.hljnw.com/nongken/shici.php.

侯天爵，马振宇.1989.甘肃的苜蓿黄斑病［J］.中国草食动物科学（1）：20 – 21.

侯天爵，周淑清，刘一凌，等.1996.苜蓿锈病的发生、危害与防治［J］.内蒙古草业（1）：41 – 44.

侯天爵 . 1994. 我国苜蓿病害发生现状及防治对策 ［J］. 草原与草业 （z2）： 4 - 8.

侯天爵, 白儒 . 1994. 中国北方苜蓿锈病发生与乳浆大戟的关系 ［J］. 中国草地, 4： 47 - 50.

侯天爵, 周淑清, 刘一凌, 等 . 1995. 苜蓿锈病病菌冬孢子萌发研究 ［J］. 植物病理学报, 26： 358 - 359.

侯天爵, 周淑清, 马振宇, 等 . 1989. 苜蓿霜霉病的室内接种鉴定 ［J］. 草与畜杂志 （增刊）： 269 - 272.

黄宁, 卢欣石 . 2012. 苜蓿叶部与根部病害研究的评价进展 ［J］. 中国 农学通报, 28 （5）： 1 - 7.

贾菊生, 胡守智 . 1994. 新疆经济植物真菌病害志 ［M］. 乌鲁木齐： 新 疆科技卫生出版社 .

姜莉 . 2006. 新疆苜蓿病害及其防治 ［J］. 新疆农垦科技 （6）： 30 - 31.

金娟, 梁金, 王森山, 等 . 2013. 不同苜蓿品种对主要苜蓿病害的田间 抗病性调查 ［J］. 草原与草坪, 33 （2）： 52 - 56.

邻晓寒, 张旭强, 李中怀 . 1990. 黑龙江省地貌对国土开发的影响 ［J］. 哈尔滨师范大学自然科学学报 （4）： 97 - 102.

Kelly L. Beatty, 张良房 . 1988. 三种杀虫剂对土壤真菌生长率的影响 ［J］. 农业环境与发展 （2）.

L. H. Rhodes, 袁庆华 . 1987. 美国俄亥俄州苜蓿的春季黑茎病 ［J］. 国 外畜牧学·草原与牧草 （6）： 35 - 37.

李春杰, 南志标 . 2003. 新疆苜蓿和苏丹草病害及其防治 ［C］. 国草类 作物病理学研究 . 北京： 海洋出版社 .

李栋 . 2012. 中国苜蓿产业发展的现状和面临的问题及对策分析 ［J］. 中国畜牧兽医, 39 （12）： 208 - 211.

李科, 朱进忠 . 2006. 26 个苜蓿品种引种筛选试验 ［J］. 草原与草坪 （4）： 25 - 31.

李克梅, 赵莉, 孙红艳 . 2010. 新疆苜蓿病害研究现状与展望 ［J］. 新 疆农业科学, 47 （7）： 1348 - 1352.

李敏权, 柴兆祥, 李金花等 . 2003. 定西地区苜蓿根和根茎腐烂病病原 研究 ［J］. 草地学报, 21 （1）： 83 - 86.

李敏权 . 2002. 苜蓿根和根茎腐烂病的病原及种质抗病性研究 ［D］. 甘

肃农业大学．

李明贵，王兴兰，张裕体．2013．枣庄市紫花苜蓿有害生物综合防治技术的研究与应用［J］．当代畜牧，12（5）：53－55．

李伟根，吴成东，王娟，等．2010．气象因子与病虫害之间的关系［J］．安徽农业通报，16（4）：131－132．

梁英辉，穆丹，薛勇，等．2009．肇东苜蓿田病害种类及发生流行规律调查与综合防治技术试验研究［J］．消费导刊（17）：218－219．

刘爱萍，侯天爵．2005．草地病虫害及防治［M］．北京：中国农业科学技术出版社．

刘长仲．2009．草地保护学［M］．北京：中国农业大学出版社．

刘若，侯天爵，薛福祥．1994．草原保护学第三分册牧草病理学第二版［M］．北京：中国农业出版社．

刘若，候天爵．1984．我国北方豆科牧草真菌病害初步名录［J］．中国草地学报（1）．

刘少志，何红艳．2004．黑龙江省气候成因［J］．佳木斯大学学报（自然科学版），22（3）：410－414．

刘晓宏，杜桂娟．2012．中国苜蓿产业发展现状及问题研究［J］．农业经（3）：27－28．

刘亚钊，王明利，修长柏．2011．我国牧草产品国际竞争力分析［J］．农业经济问题（7）：86－90．

卢欣石．2013．中国苜蓿产业发展问题［J］．中国草地学报，35（5）：1－5．

鲁鸿佩，孙爱华．2003．草田轮作对粮食作物的增产效应［J］．草业科学，20（4）：10－13．

雒富春．2014．苜蓿锈病的化学防治技术研究［D］．甘肃农业大学．

毛恒青，万晖．2000．华北、东北地区积温的变化［J］．中国农业气象，21（3）：1－5．

缪启龙，丁园圆，王勇，等．2009．气候变暖对中国热量资源分布的影响分析［J］．自然资源学报（5）：934－944．

南志标，李春杰．2003．中国草类作物病理学研究［M］．北京：海洋出版社．

南志标，员宝华．1994．新疆阿勒泰地区苜蓿病害［J］．草业科学（4）：14－18．

南志标.1984. 苜蓿匍柄霉叶斑病 [J]. 草原与草坪 (4).

南志标.1985. 锈病对紫花苜蓿营养成分的影响 [J]. 草业科学 (3).

南志标.1990. 陇东黄土高原栽培牧草真菌病害调查与分析 [J]. 草业科学 (4): 30 – 34.

南志标.2001. 我国的苜蓿病害及其综合防治体系 [J]. 动物科学与动物医学, 18 (4)

倪维秋.2011. 基于信息熵的黑龙江省土地利用结构分析 [J]. 国土与自然资源研究 (5): 11 – 12.

戚志强, 王永雄, 胡跃高, 等.2008. 当前我国苜蓿产业发展的形势与任务 [J]. 草业学报, 17 (1): 107 – 113.

秦密秋, 韩俊杰, 孙彦坤.2013. 黑龙江省土壤湿度对玉米产量的影响研究 [J]. 黑龙江气象, 30 (2): 19 – 22.

任继周.1998. 草业科学研究方法 [M]. 北京: 中国农业出版社.

任永霞, 郭郁频, 姜凤琴.2006. 苜蓿主要病害的发病规律及综合防治 [J]. 黑龙江畜牧兽医 (6): 49 – 50.

任之华.2005. 苜蓿病害综合防治技术 [J]. 安徽农业科学, 33 (7): 1185 – 1185.

沙万英, 邵雪梅, 黄玫.2002. 20 世纪 80 年代以来中国的气候变暖及其对自然区域界线的影响 [J]. 中国科学: 地球科学, 32 (4): 317 – 326.

商文静.1997. 宁夏紫花苜蓿叶部病害调查和病原菌鉴定 [J]. 草业科学, 14 (1): 23 – 25.

时永杰, 孙晓萍, 马振宇, 等.1998. 甘肃省苜蓿的主要病害及其分布 [J]. 青海草业 (3): 17 – 18.

史娟, 贺达汉.2005. 我国苜蓿褐斑病研究现状 [J]. 农业科学研究, 12 (26): 4.

屠其璞.1991. 北半球增暖对我国气候的影响 [J]. 大气科学学报 (3): 269 – 276.

汪武静, 王明利, 金白乙拉, 等.2015. 中国牧草产品国际贸易格局研究及启示 [J]. 中国农学通报, 26: 1 – 6.

王冬梅.2005. 苜蓿病害及其综合防控 [J]. 北方牧业 (16): 27 – 27.

王多成, 孟有儒, 李文明等.2005. 苜蓿根腐病病原菌的分离及鉴定 [J]. 草业科学, 22 (10): 78 – 81.

王根旺.2005.紫花苜蓿主要病害发生规律及其防治对策［J］.甘肃农业（2）：93-94.

王明利.2010.推动苜蓿产业发展 全面提升我国奶业［J］.农业经济问题,（5）：22-26.

王绍武,赵宗慈.1995.未来50年中国气候变化趋势的初步研究［J］.应用气象学报（3）：333-342.

王雪薇,王纯利.1996.新疆阿勒泰垦区苜蓿病害调查与分析［J］.新疆农业大学学报,19（3）：40-44.

王雪薇,喻宁莉,马德成.1998.新疆苜蓿病害的种类和分布的初步研究［J］.草业学报,7（2）：48-52.

王宗明,宋开山,张柏,等.2007.松嫩平原过去40年农业气候特征分析［J］.中国农学通报,22（12）：241-246.

魏宏安.1986.苜蓿病害概要［J］.草原与草坪（2）.

文明,黄勇,邱美娟.2012.浅谈黑龙江省积温变化的研究［J］.黑龙江气象,29（1）：34-36.

薛勇,穆丹,梁英辉,等.2009.三江平原肇东苜蓿田病害种类及综合防治技术［J］.当代畜牧（9）：43-45.

闫平,杨明,王萍,纪仰慧.2009.基于GIS的黑龙江省积温带精细划分［J］.黑龙江气象,26（1）：26-27.

杨春,王明利,刘亚钊.2011.中国的苜蓿草贸易——历史变迁、未来趋势与对策建议［J］.草业科学,28（9）：1711-1717.

杨凤海,杨凤江,苏琦,等.2010.基于ArcGIS的黑龙江省活动积温空间插值与计算［J］.东北农业大学学报,41（1）：61-66.

于成龙,李帅,刘丹.2009.气候变化对黑龙江省生态地理区域界限的影响［J］.林业科学,45（1）：8-13.

于荣环,孙孟梅.1997.黑龙江省热量资源及积温带的划分［J］.黑龙江气象（1）：26-30.

袁庆华,李向林,张文淑.2001.苜蓿假盘菌及其生物学特性研究［J］.植物保护,27（1）：8-12.

袁庆华,张文淑.2001.我国苜蓿病害研究进展［J］.中国苜蓿发展大会,33：6-10.

袁庆华.2007.我国苜蓿病害研究进展［J］.植物保护,1（33）：6-10.

袁庆华 . 2007. 我国苜蓿病害研究进展 [J]. 植物保护，33（1）：6 – 10.

张富川 . 1994. 苜蓿常见病害的防治措施 [J]. 草业与畜牧（1）：59 – 62.

张厚瑄，张翼 . 1994. 中国活动积温对气候变暖的响应 [J]. 地理学报（1）：27 – 36.

张慧琴，马凤才 . 2013. 基于农业资源利用的黑龙江垦区粮食稳定生产潜力分析 [J]. 黑龙江八一农垦大学学报（6）：82 – 85.

张楠，苗春生，邵海燕 . 2009. 1951—2007 年华北地区夏季气温变化特征 [J]. 气象与环境学报，25（6）：23 – 28.

张蓉，马建华，王进华，等 . 2003. 宁夏苜蓿病虫害发生现状及防治对策 [J]. 草业科学，20（6）：40 – 44.

张盛学，于显龙 . 1989. 黑龙江区域地理环境演变 [J]. 哈尔滨师范大学自然科学学报（4）：85 – 90.

张晓玲，李华，孙月洋 . 2012. 黑龙江省植被资源现状及保护对策 [J]. 防护林科技（2）：85 – 86.

张宇，王馥棠 . 1995. 气候变暖对我国水稻生产可能影响的数值模拟试验研究 [J]. 应用气象学报（s1）：19 – 25.

赵楠皇，浦江云，张文，等 . 2009. 南方苜蓿的种植、病害及利用 [C]. 中国草学会饲料生产委员会饲草生产学术研讨会 .

赵培宝 . 2003. 苜蓿常见病害的发生与综合防治 [J]. 特种经济动植物，6（6）：40 – 40.

赵玉兰，叶占胜，崔国文 . 2004. 松嫩草地的可持续利用和发展 [J]. 黑龙江畜牧兽医（8）：56 – 57.

周瑞昌，周以良 . 1985. 黑龙江植物资源 [J]. 国土与自然资源研究（4）.

周淑清，侯天爵，白儒，等 . 1996. 苜蓿品种抗锈性评价 [J]. 中国草地学报（5）：27 – 31.

周行，许鸿源，蒋新江 . 1997. 多效唑浸种对水稻幼苗抗寒性的影响 [N]. 广西农业科学，2：65 – 67.

朱红蕊，刘赫男，孙爽，等 . 2013. 气候变暖背景下黑龙江省水稻初霜冻灾害风险区划研究 [J]. 中国农学通报，30：29 – 34.

朱腾明 . 2011. 黑龙江省农民增收的制约因素实证分析 [J]. 山西财经

大学学报（s3）：1－3.

Howard. 1970. Harding. Foliage Diseases Of Alfalfa In Northern SASKATCHE-WAN In 1970' ［J］. Canadian Plant Disease Survey, 126－129.

James A. saunders and Nichole R. O'neill. 2004. The characterization of defense responses to fungal infection in alfalfa ［J］. BioControl, 49：715－728.

M Schmiedeknecht. 1963. Sporulationsrhythmik bei Pseudopeziza medicaginis（Lib.）

M Schmiedeknecht. 1964. Mechanik and Energetik des Sporenausstobess bei Pseudopeziza medicaginis（Lib.）Sacc. ［J］. Phytopath. Z. , 51, 29－40.

Patricia A. Okubara, Martin B. Dickman, Ann E. Blechl. 2014. Molecular and genetic aspects of controlling the soilborne necrotrophic pathogens Rhizoctonia and Pythium ［J］. Plant Science, 228：61－70.

Salas B, Stack R W. 1987. Incidence of fung i associated wit h roots and cro wns of declining alfalfa in North Dakota（Abstract）［J］. Phyto patho log y, 77：1 759.

Semeniuk G. 1984. Common leaf spot of alfalfa：ascospore germination and disease development in relation to moisture and temperature ［J］. Phytopath. Z. , 110：281－289.

Semeniuk G. 2014. Common leaf spot of alfalfa：ascospore discharge and plant infection in the Ali Heydari, Gholam Khodakaramian, Doustmorad Zafari, Occurrence, genetic diversity and pathogenicity characteristics of Pseudomonas viridiflava inducing alfalfa bacterial wilt and crown root rot disease in Iran ［J］. European Journal of Plant Pathology, 139（2）：299－307.

Stephen R C, Saville D J, Harvey I C, et al. 1982. Herbage yields and persistence of lucerne（Medic ago sativa L.）cultivars and the incidence of crown and root diseases ［J］. New Zealand Journal o f Experimental Agriculture, 10：323－332.

Yunqiao Pu, Fang Chenetal, Brian H. Davison, et al. 2009. NMR Characterization of C3H and HCT Down－Regulated Alfalfa Lignin ［J］. Bioenerg. Res. , 2：198－208.

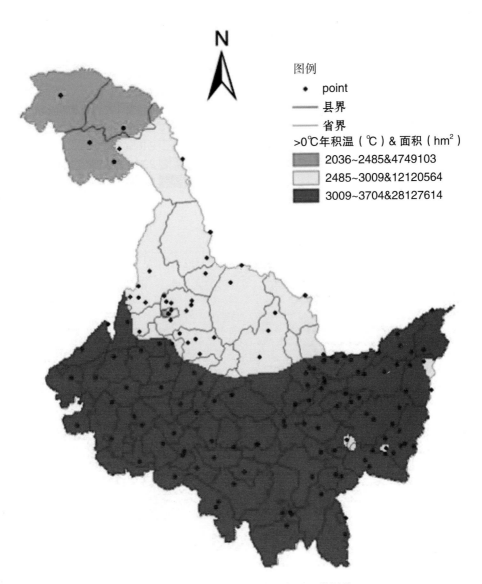

图例

· point

—— 县界

—— 省界

>0℃年积温（℃）& 面积（hm²）

2036~2485&4749103

2485~3009&12120564

3009~3704&28127614

彩插图 4-1A　2013 年黑龙江省积温带划分

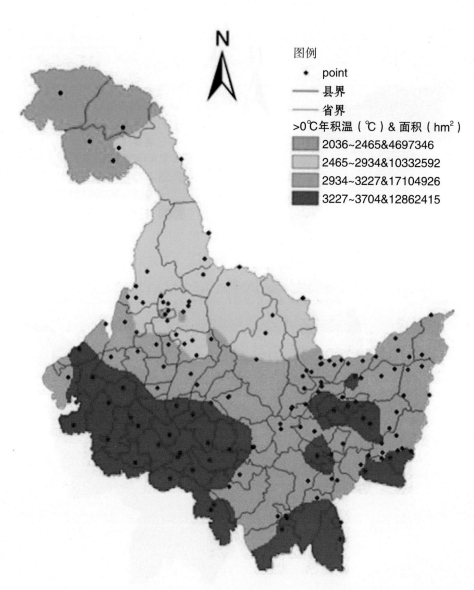

图例
· point
—— 县界
—— 省界
>0℃年积温（℃）& 面积（hm²）
2036~2465&4697346
2465~2934&10332592
2934~3227&17104926
3227~3704&12862415

彩插图 4-1B　2013 年黑龙江省积温带划分

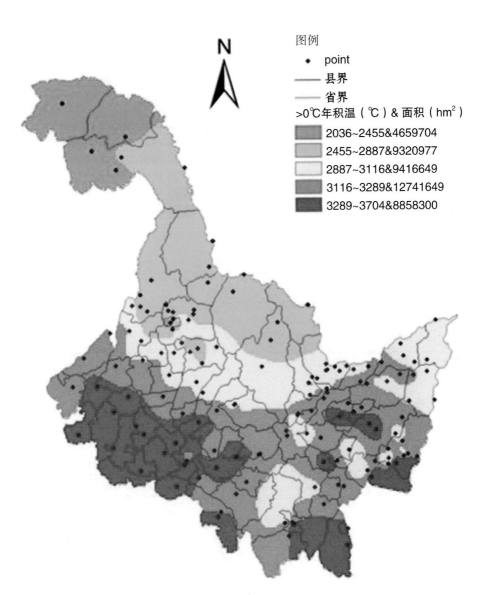

图例

* point
—— 县界
—— 省界

>0℃年积温（℃）& 面积（hm²）

2036~2455&4659704
2455~2887&9320977
2887~3116&9416649
3116~3289&12741649
3289~3704&8858300

彩插图 4-1C　2013 年黑龙江省积温带划分

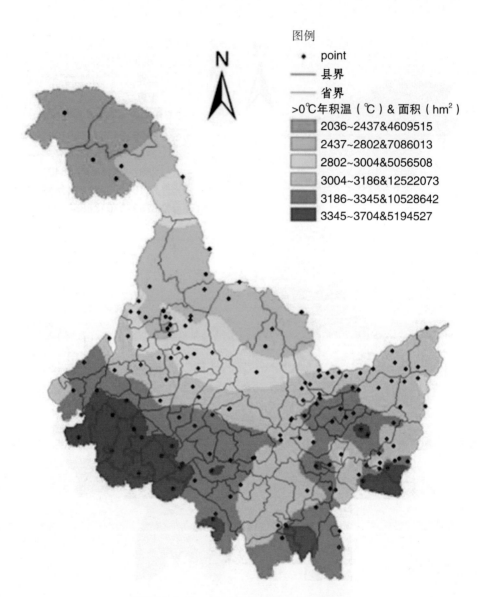

图例

• point
—— 县界
—— 省界

>0℃年积温（℃）＆面积（hm²）

2036~2437&4609515
2437~2802&7086013
2802~3004&5056508
3004~3186&12522073
3186~3345&10528642
3345~3704&5194527

彩插图 4-1D　2013 年黑龙江省积温带划分

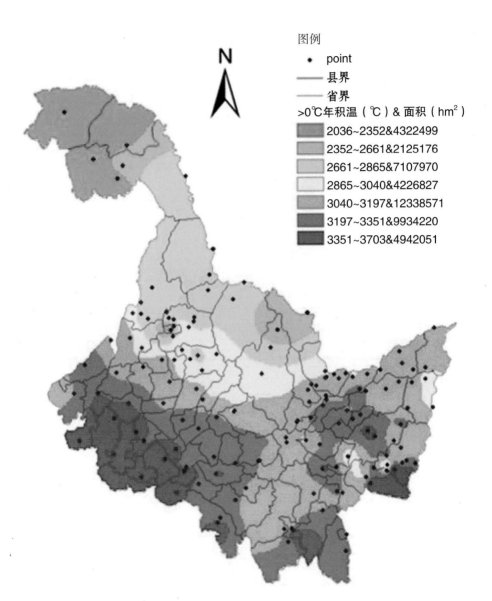

图例

- point
—— 县界
—— 省界

>0℃年积温（℃）＆面积（hm²）

	2036~2352&4322499
	2352~2661&2125176
	2661~2865&7107970
	2865~3040&4226827
	3040~3197&12338571
	3197~3351&9934220
	3351~3703&4942051

彩插图 4-1E　2013 年黑龙江省积温带划分

彩插图 5-1　研究区 6 月苜蓿病害多样性

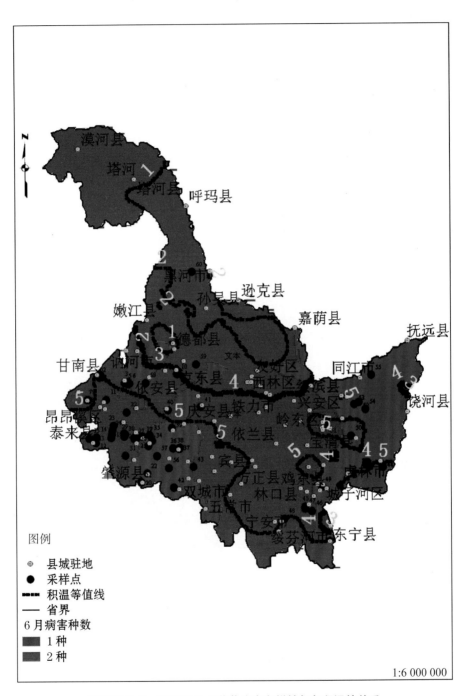

图例

- ◉ 县城驻地
- ● 采样点
- ▰▰▰ 积温等值线
- —— 省界

6月病害种数
- 1种
- 2种

1:6 000 000

彩插图 5-2　研究区 6 月苜蓿病害多样性与年积温的关系

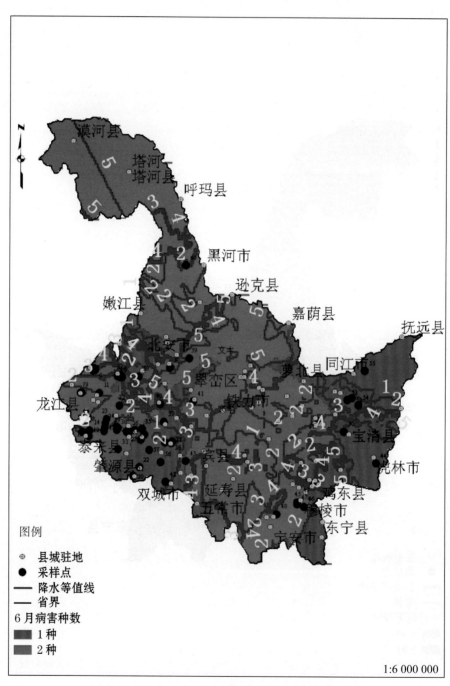

图例

- ⊙ 县城驻地
- ● 采样点
- —— 降水等值线
- —— 省界

6月病害种数

- ▨ 1种
- ▨ 2种

1:6 000 000

彩插图 5-3　研究区 6 月苜蓿病害多样性与降水量的关系

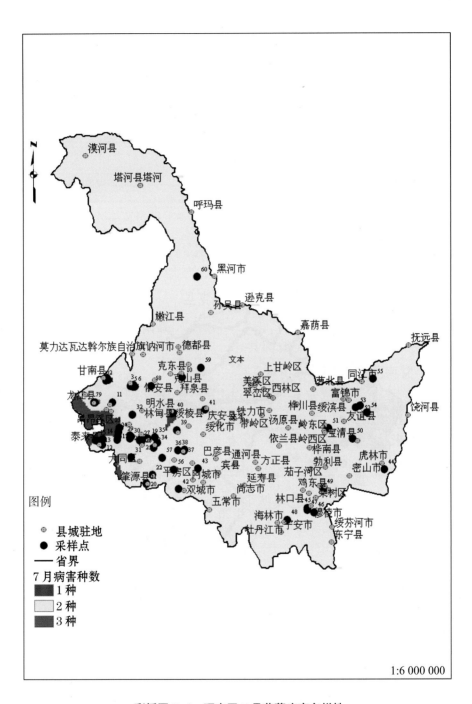

彩插图 5-4　研究区 7 月苜蓿病害多样性

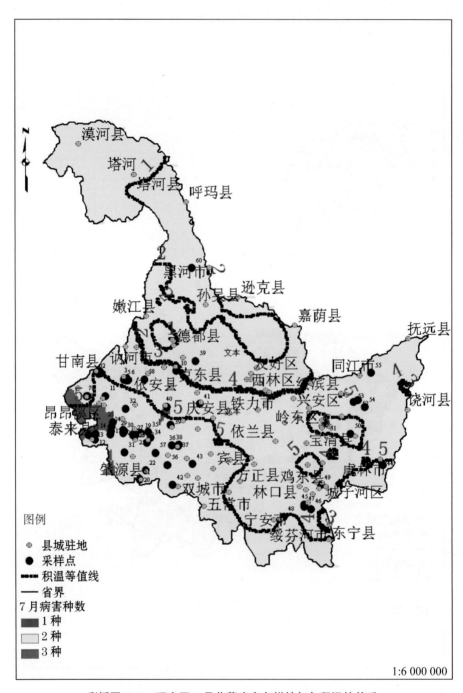

彩插图 5-5　研究区 7 月苜蓿病害多样性与年积温的关系

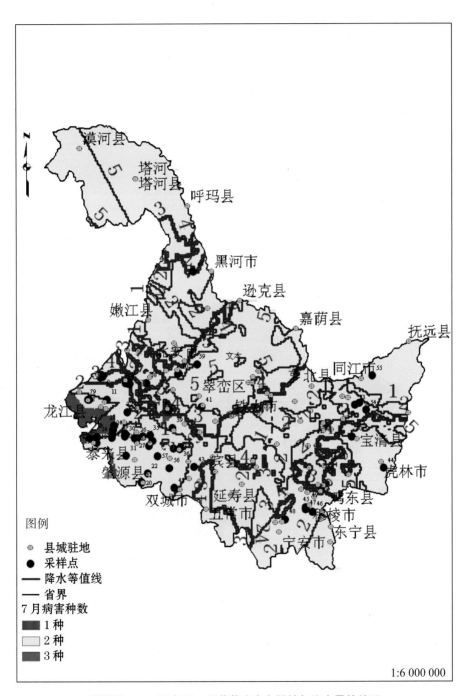

彩插图 5-6 研究区 7 月苜蓿病害多样性与降水量的关系

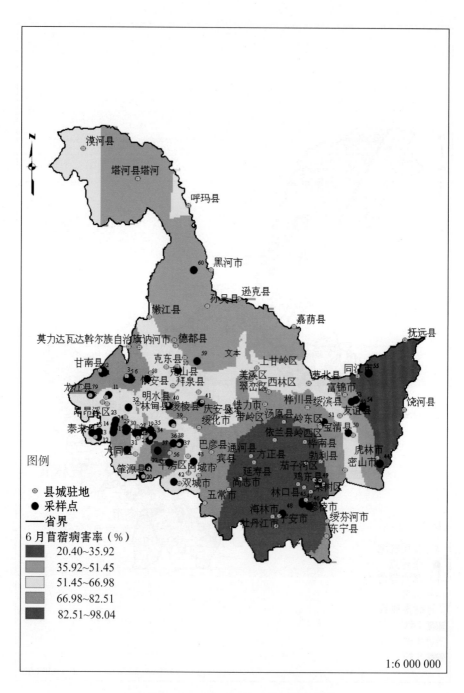

彩插图 5-7 研究区 6 月苜蓿病害发病率

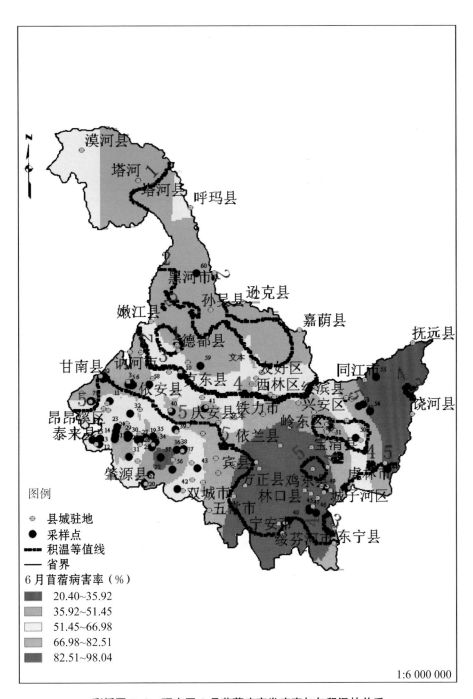

图例

- ⊚ 县城驻地
- ● 采样点
- ■■■ 积温等值线
- —— 省界

6月苜蓿病害率（%）
- ■ 20.40~35.92
- ■ 35.92~51.45
- □ 51.45~66.98
- ■ 66.98~82.51
- ■ 82.51~98.04

1:6 000 000

彩插图 5-8　研究区 6 月苜蓿病害发病率与年积温的关系

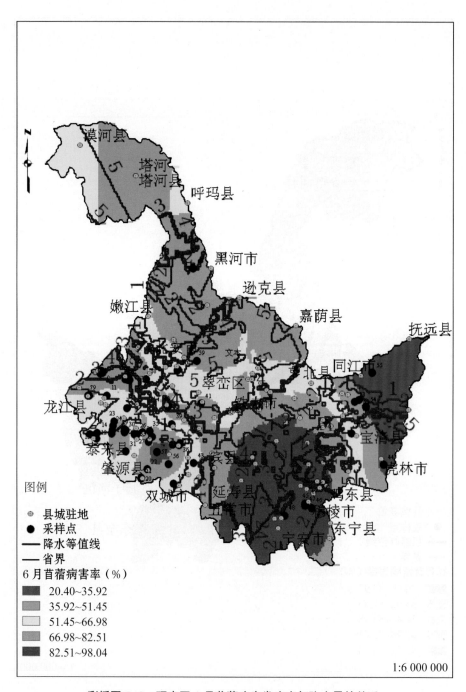

図例

- ⊙ 县城驻地
- ● 采样点
- —— 降水等值线
- —— 省界

6月苜蓿病害率（%）

- 20.40~35.92
- 35.92~51.45
- 51.45~66.98
- 66.98~82.51
- 82.51~98.04

1:6 000 000

彩插图 5-9　研究区 6 月苜蓿病害发病率与降水量的关系

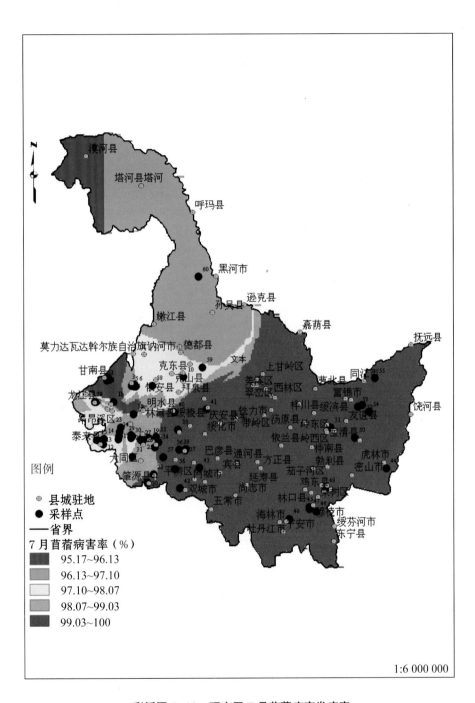

图例

- ◉ 县城驻地
- ● 采样点
- —— 省界

7月苜蓿病害率（%）

- ▨ 95.17~96.13
- ▨ 96.13~97.10
- ▨ 97.10~98.07
- ▨ 98.07~99.03
- ▨ 99.03~100

1:6 000 000

彩插图 5-10　研究区 7 月苜蓿病害发病率

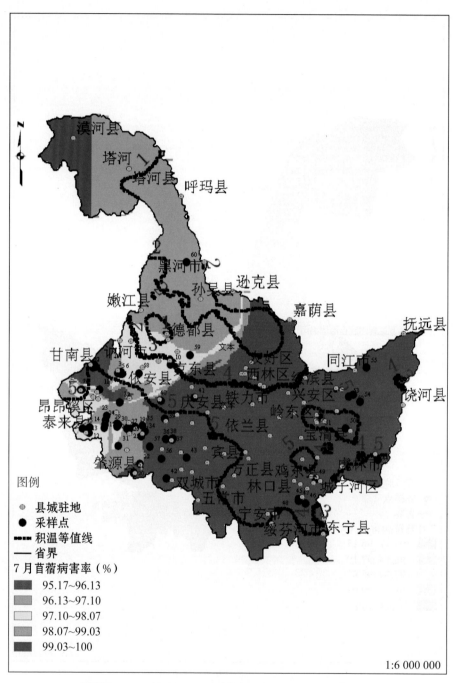

图例

- ◉ 县城驻地
- ● 采样点
- ▪▪▪ 积温等值线
- —— 省界

7月苜蓿病害率（%）

- 95.17~96.13
- 96.13~97.10
- 97.10~98.07
- 98.07~99.03
- 99.03~100

1:6 000 000

彩插图 5-11　研究区 7 月苜蓿病害发病率与年积温的关系

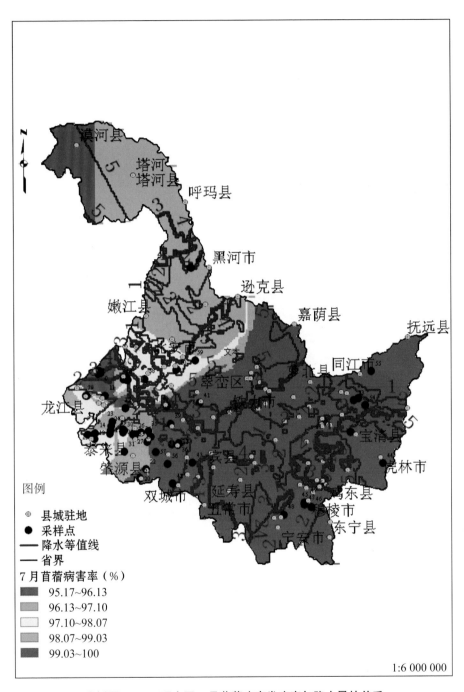

图例

- ◎ 县城驻地
- ● 采样点
- —— 降水等值线
- —— 省界

7月苜蓿病害率（%）
- 95.17~96.13
- 96.13~97.10
- 97.10~98.07
- 98.07~99.03
- 99.03~100

1:6 000 000

彩插图 5-12　研究区 7 月苜蓿病害发病率与降水量的关系

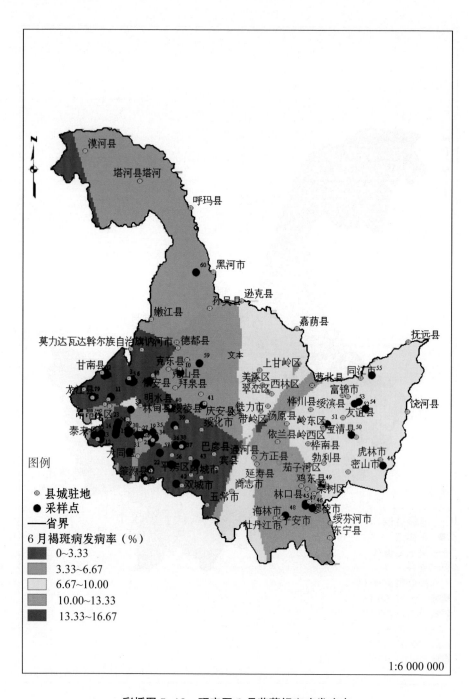

彩插图 5-13　研究区 6 月苜蓿褐斑病发病率

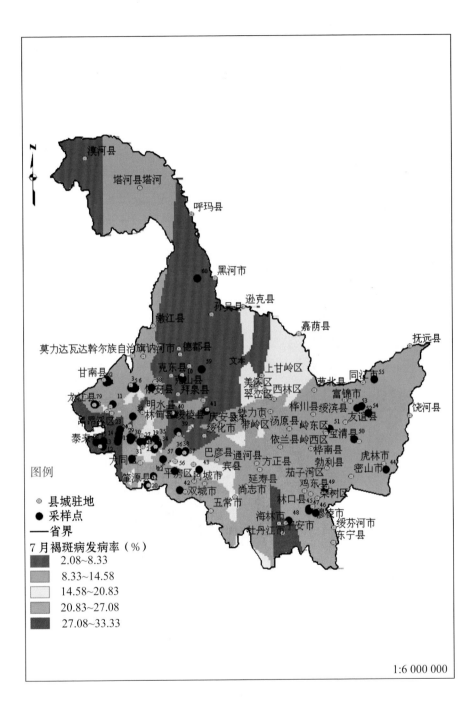

图例

- ◦ 县城驻地
- ● 采样点
- —— 省界

7月褐斑病发病率（%）

- 2.08~8.33
- 8.33~14.58
- 14.58~20.83
- 20.83~27.08
- 27.08~33.33

1:6 000 000

彩插图 5-14　研究区 7 月苜蓿褐斑病发病率

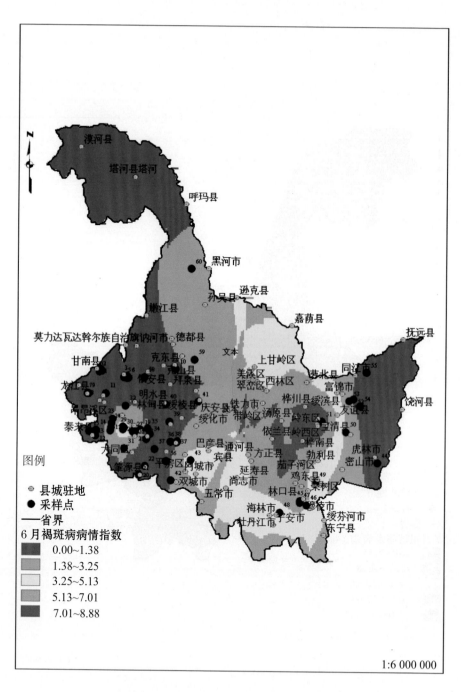

彩插图 5-15　研究区 6 月苜蓿褐斑病病情指数

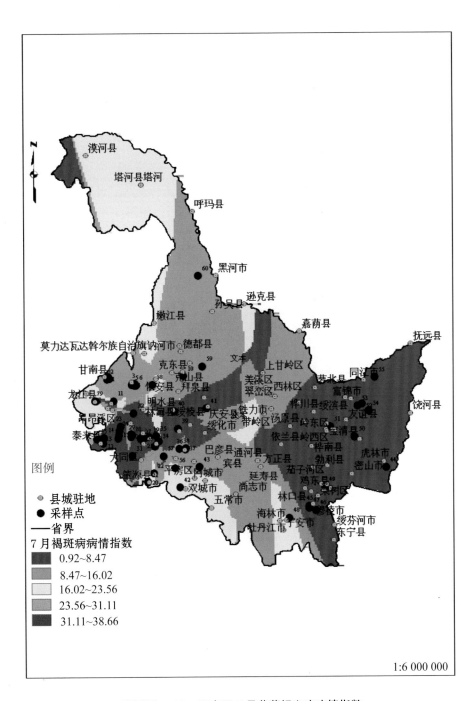

彩插图 5-16 研究区 7 月苜蓿褐斑病病情指数

彩插图 5-17　研究区 6 月苜蓿霜霉病发病率

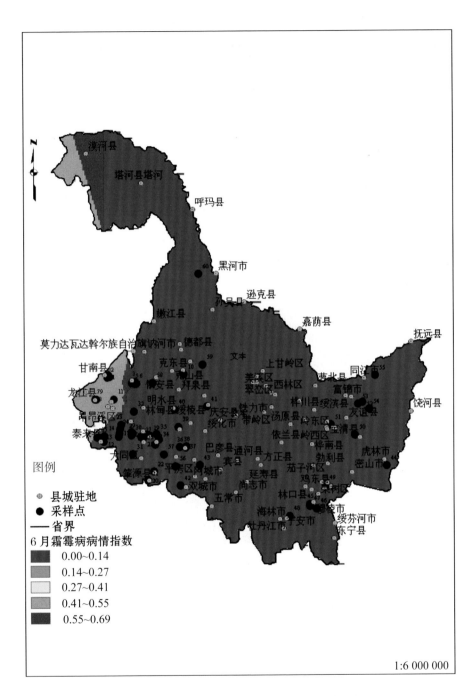

图例

县城驻地
采样点
省界

6月霜霉病病情指数

0.00~0.14
0.14~0.27
0.27~0.41
0.41~0.55
0.55~0.69

1:6 000 000

彩插图 5-18　研究区 6 月苜蓿霜霉病病情指数

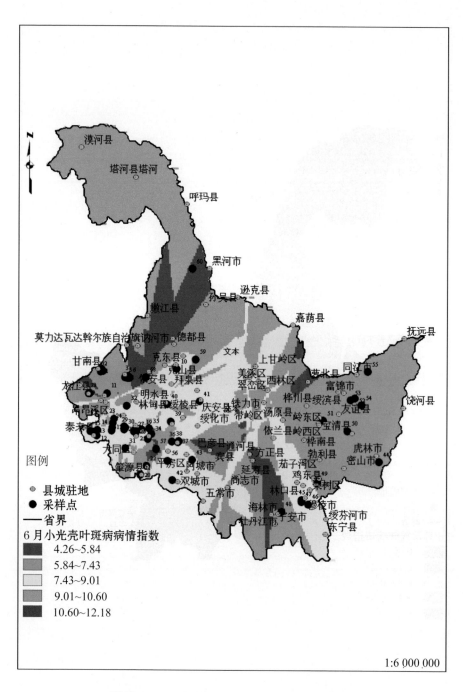

彩插图 5-19　研究区 6 月小光壳叶斑病病情指数

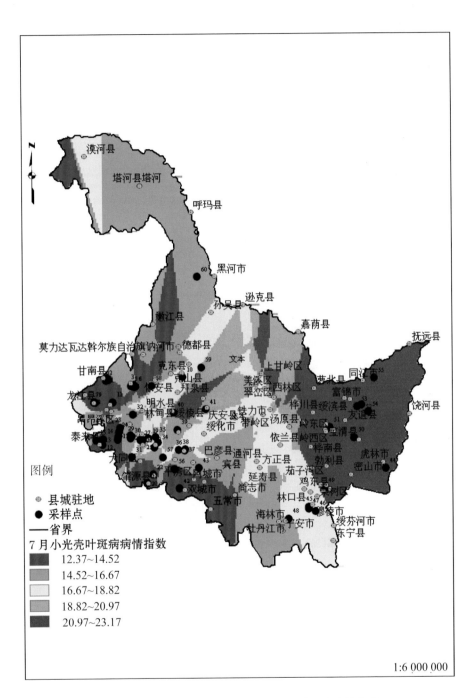

彩插图 5-20　研究区 7 月苜蓿小光壳叶斑病病情指数

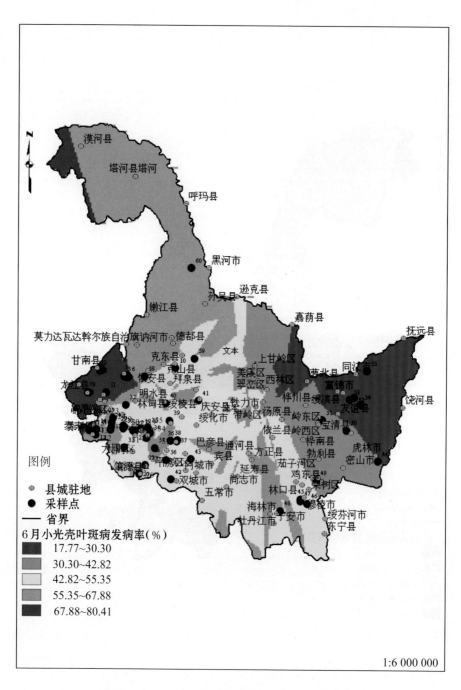

图例

- ⊙ 县城驻地
- ● 采样点
- —— 省界

6月小光壳叶斑病发病率（%）

- 17.77~30.30
- 30.30~42.82
- 42.82~55.35
- 55.35~67.88
- 67.88~80.41

1:6 000 000

彩插图 5-21　研究区 6 月苜蓿小光壳叶斑病发病率

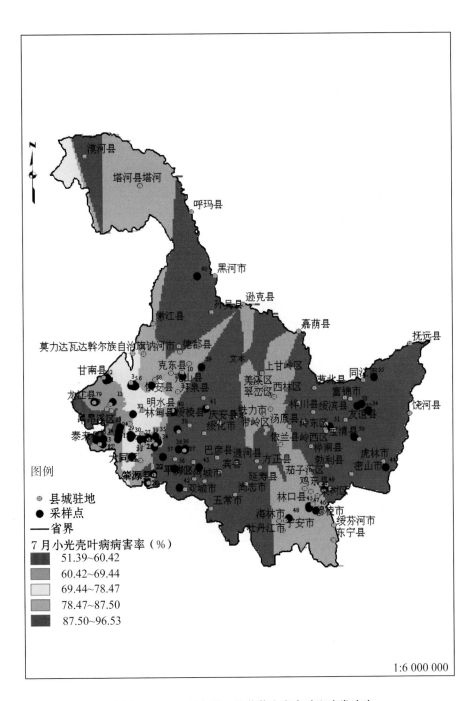

图例

● 县城驻地
● 采样点
—— 省界

7月小光壳叶病病害率（%）

- 51.39~60.42
- 60.42~69.44
- 69.44~78.47
- 78.47~87.50
- 87.50~96.53

1:6 000 000

彩插图 5-22　研究区 7 月苜蓿小光壳叶斑病发病率

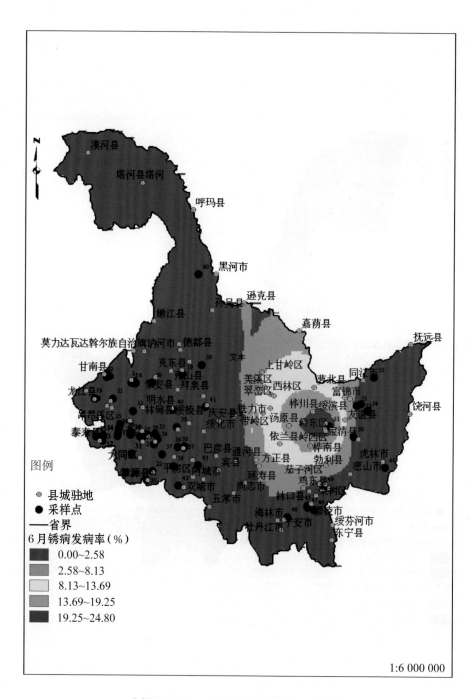

彩插图 5-23 研究区 6 月苜蓿锈病发病率

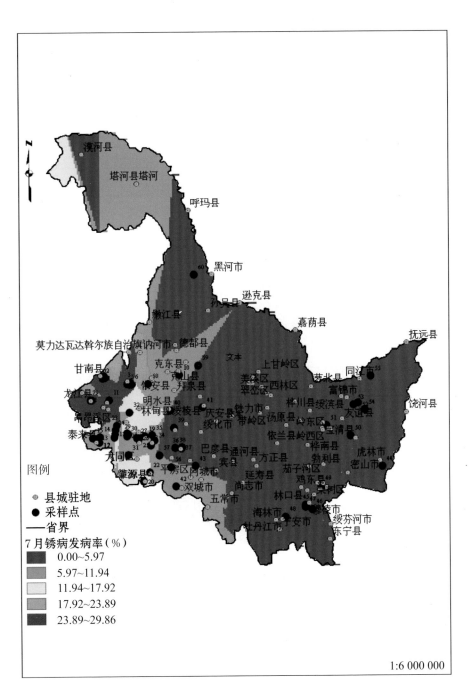

彩插图 5-24 研究区 7 月苜蓿锈病发病率

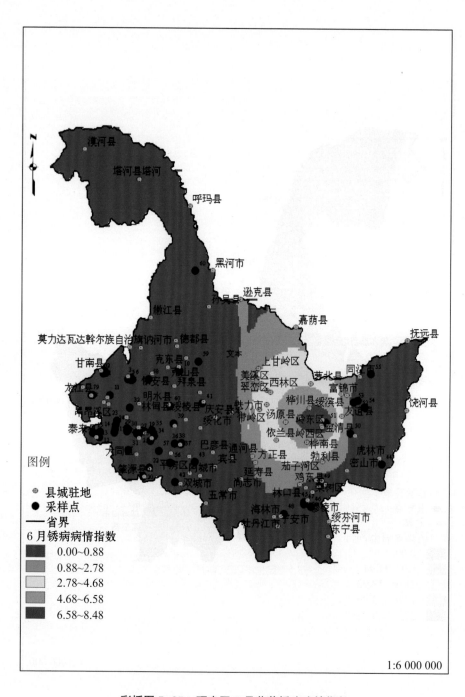

图例

- ⊙ 县城驻地
- ● 采样点
- —— 省界

6 月锈病病情指数

- 0.00~0.88
- 0.88~2.78
- 2.78~4.68
- 4.68~6.58
- 6.58~8.48

1:6 000 000

彩插图 5-25　研究区 6 月苜蓿锈病病情指数

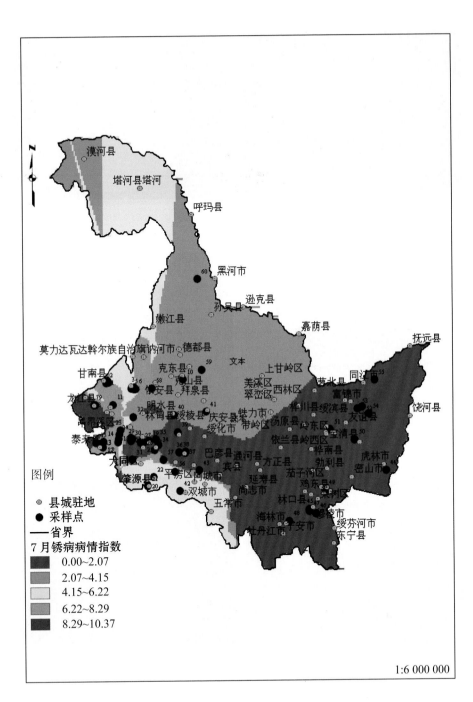

図例

- ◉ 县城驻地
- ● 采样点
- —— 省界

7月锈病病情指数

- 0.00~2.07
- 2.07~4.15
- 4.15~6.22
- 6.22~8.29
- 8.29~10.37

1:6 000 000

彩插图 5-26 研究区 7 月苜蓿锈病病情指数

 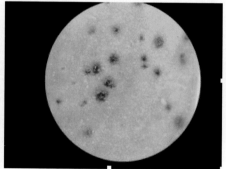

彩插图 7-1　苜蓿褐斑病

彩插图 7-2　苜蓿小光壳叶斑病

 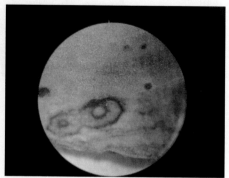

彩插图 7-3　苜蓿匍柄霉叶斑病

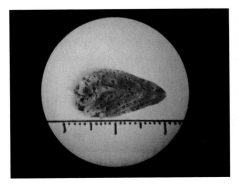

彩插图 7-4　苜蓿春季黑茎病与叶斑病

彩插图 7-5　苜蓿花叶病

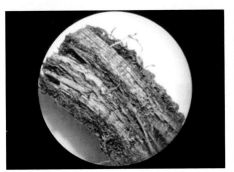

彩插图 7-6　苜蓿镰刀菌根腐病

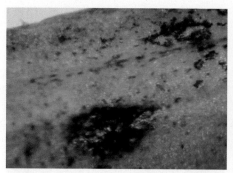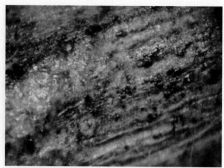

彩插图 7-7　苜蓿炭疽病

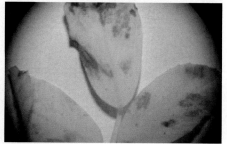

彩插图 7-8　苜蓿霜霉病

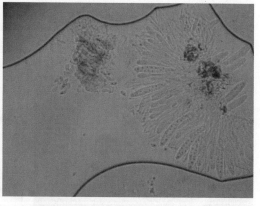

彩插图 7-9　苜蓿褐斑病叶片　　彩插图 7-10　子囊盘及释放出来的子囊孢子

彩插图 7-11　苜蓿霜霉病侵染叶片

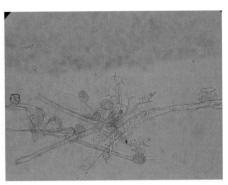

彩插图 7-12　霜霉病孢子及孢子囊

彩插图 7-13　受根腐病侵染的根部

彩插图 7-14　镰刀菌分生孢子

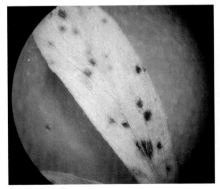

彩插图 7-15　被苜蓿锈病侵染的叶片

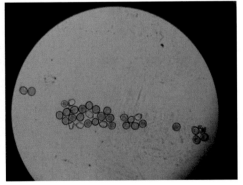

彩插图 7-16　条纹单胞锈菌夏孢子

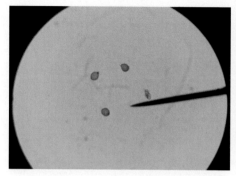

彩插图 7-17　条纹单胞锈菌冬孢子

彩插图 7-18　被苜蓿白粉病侵染的叶片

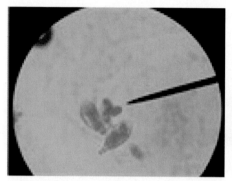

彩插图 7-19　苜蓿白粉病子囊及孢子

彩插图 7-20　被苜蓿花叶病菌侵染的叶片

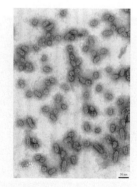

彩插图 7-21　苜蓿花叶病毒

彩插图 7-22　小光壳叶斑病染病叶片

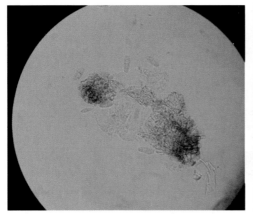

彩插图 7-23 子囊孢子

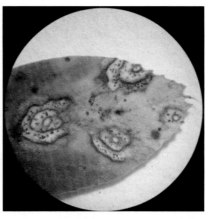

彩插图 7-24 壳针孢叶斑病染病叶片

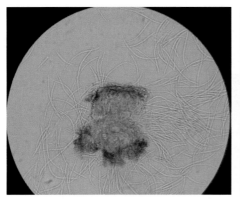

彩插图 7-25 分生孢子器释放分生孢子

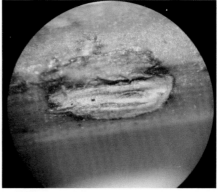

彩插图 7-26 被炭疽病侵染的茎部

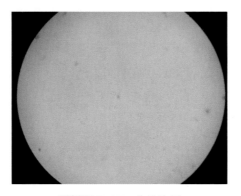

彩插图 7-27 分生孢子

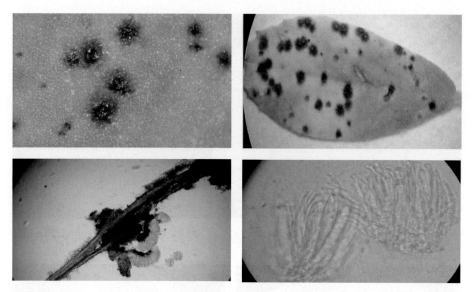

彩插图 7-28　苜蓿褐斑病形态学（上－病叶）和镜检结果（下－子囊盘）

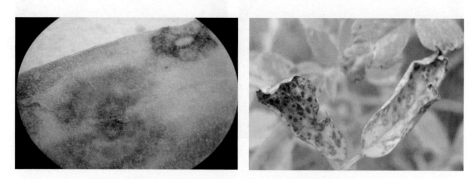

彩插图 7-29　苜蓿匍柄霉叶斑病形态学特征

彩插图 7-30　苜蓿小光壳叶斑病形态学特征

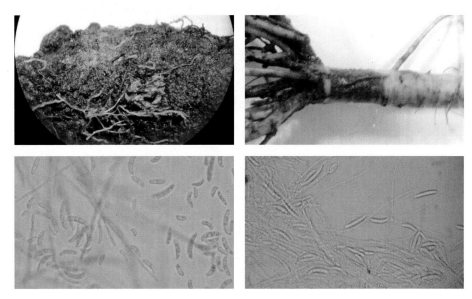

彩插图 7-31 苜蓿镰刀菌根腐病病状（上）和镰刀形分生孢子（下）

彩插图 7-32 苜蓿花叶病病状

彩插图 7-33　苜蓿轮斑病病状（上）和匍柄霉分生孢子（下）

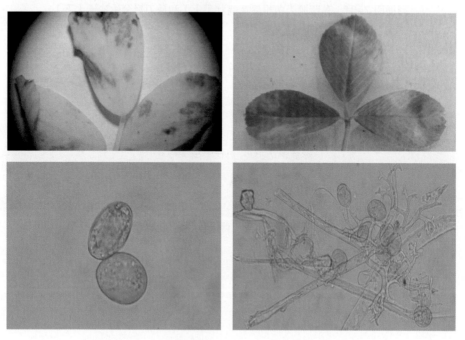

彩插图 7-34　苜蓿霜霉病病状（上）和分生孢子（下）

彩插图 7-35　苜蓿锈病病状及孢子堆

彩插图 7-36　苜蓿壳针孢叶斑病病状

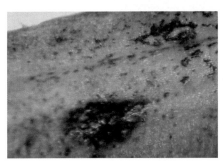

彩插图 7-37　苜蓿炭疽病病状

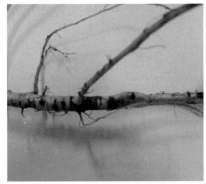

彩插图 7-38　苜蓿根腐病

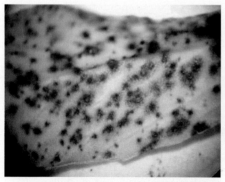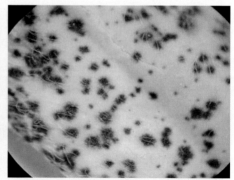

彩插图 7-39　苜蓿褐斑病

彩插图 7-40　苜蓿花叶病

彩插图 7-41　苜蓿黄斑病

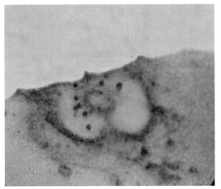
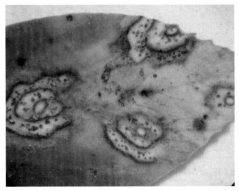

彩插图 7-42　苜蓿壳针孢叶斑病

彩插图 7-43　匍柄
霉叶斑病

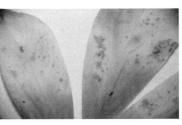

彩插图 7-44　苜蓿霜霉病

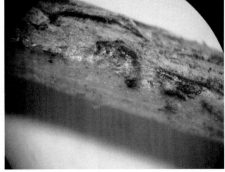

彩插图 7-45　苜蓿炭疽病

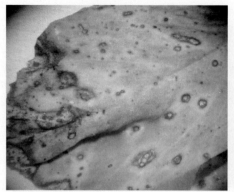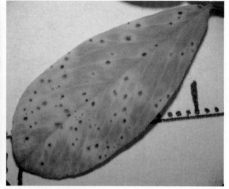

彩插图 7-46　苜蓿小光壳叶斑病

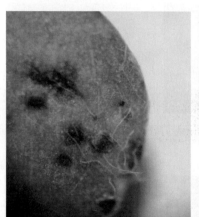

彩插图 7-47　苜蓿锈病

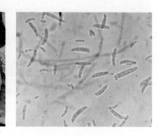

彩插图 7-48　苜蓿白粉病

彩插图 7-49　实验分离
出的菌种分类